JICAプロジェクト・ヒストリー・シリーズ

流域コモンズを
水銀汚染から守れ

ウルグアイにおける統合的流域水質管理協力の20年

吉田　充夫

YOSHIDA Mitsuo

はしがき

　南米大陸南東部に位置するウルグアイ東方共和国は、小国でありながら南米で最も民主主義が確立した国の一つであり、政治的および社会的に安定している。同国は1990年代から2000年代初頭にかけて農業と牧畜業が発展し、大きな経済成長をとげた。しかしその影響で河川の水質汚濁が進行し、その対処に苦慮することになる。

　JICAは長年同国において水質管理支援に取り組んでおり、2003年から2007年まで首都圏の水質管理にかかる開発調査（第1期協力）を行い、その結果を受けて2008年から2011年までサンタルシア川流域の水質管理にかかる技術協力プロジェクト（第2期協力）を実施した。本書の著者である吉田充夫氏が、ウルグアイ環境総局の総局長より「水俣病等多くの知見や技術を持つ日本に水銀汚染対策支援をしてほしい」と協力要請の打診を受けたのは、2013年秋のことであった。日本で「四大公害病」の一つとしてよく知られ、水銀汚染によって引き起こされた水俣病は、高度成長期の1950年代から60年代にかけて大きな被害をもたらした。水銀汚染対策は、水俣病の辛い経験をした日本だからこそできる国際協力であり、2015年から技術協力（第3期協力）に着手した。

　一連のプロジェクトで目標としたのは、ウルグアイの環境管理機関が自ら持続的に河川流域コモンズの水質管理を行うためのキャパシティ・ディベロップメントである。歴代の専門家チームは、現地カウンターパートの主体性を尊重した協働によりプロジェクトを推進した。約20年間という長きにわたり支援を継続することができたのは、ウルグアイ政府とJICAの強固な信頼関係があってこそのことである。第1期の開発調査の結果を基に実施した第2期の技術協力プロジェクトで、環境総局および関係機関の汚染源管理や水質管理能力が強化されたことにより、コモンズとしての河川流域の水質管理体制を確立するための礎が築かれ、第2期協力終了の2年後、2013

年の流域委員会の設置につながった。また、第3期協力では、産業排水による水銀汚染の調査・対策を行うことにより、一人の被害者も出すことなく水銀汚染の封じ込めに成功した。これは第2期協力を基に構築した流域単位での水質管理体制がしっかりと機能した証であり、ウルグアイ政府とJICAの両者にとって大きな財産となった。2013年からは、ウルグアイ政府とJICAの共同開催で河川流域管理、水質管理、水銀汚染対策などをテーマにした中南米諸国向けの第三国研修も行われており、本プロジェクトの成果はウルグアイに留まらず近隣諸国にも波及している。

　本書は、ウルグアイと日本の国境を越え、持続可能な河川流域コモンズの水質管理の実現に取り組んだプロジェクトの軌跡である。長年にわたる活動から得た学びや気付きを多くの人に、特に若い世代の開発協力ワーカーに是非伝えたいとの思いから、本書は執筆されている。公式な報告書には残されていないプロジェクトの全容を詳細に描いた物語である。本書でそれを紹介することにより、魅力あふれる国際協力の世界について読者の皆さんに知っていただくきっかけになればと思う。

　私自身、アマゾン川流域の有機水銀汚染に関心があり、水俣市とブラジルの関係機関の技術協力について調査したことがある。水銀汚染対策は広がりがあるテーマなので、人間の安全保障の課題としても、是非多くの皆さんに関心をもっていただきたいと願っている。

　本書は、JICA緒方研究所の「プロジェクト・ヒストリー」シリーズの第39巻である。この「プロジェクト・ヒストリー」シリーズは、JICAが協力したプロジェクトの背景や経緯を、当時の関係者の視点から個別具体的な事実を丁寧に追いながら、大局的な観点も失わないように再認識することを狙いとして刊行されている。水資源をテーマとしたものは、バングラデシュ（第12巻）、カンボジア（第13巻）に続き3作目である。益々の広がりを見せている本シリーズを、是非一人でも多くの方に手に取ってご一読いただきたいと願っている。

JICA緒方貞子平和開発研究所　研究所長　峯　陽一

目次

第5章

流域管理から地球環境へ ……………………………………… 153

プロローグ

はじめに

　ウルグアイ東方共和国（以下、「ウルグアイ」と記す）は日本列島のちょうど裏側、南米大陸の大西洋沿岸に位置する面積約17.6万km^2（北海道の面積の約2倍）、人口約342万人の緑豊かな国である。農林牧畜業を主要産業として社会的・経済的に比較的安定しており、健康、教育、所得の複合統計である人間開発指数（HDI）[1]などの国際ランキングでは常に中南米諸国の中でトップクラスに並ぶ。また、ウルグアイは自然と調和した持続可能な開発を目指す国づくりに力を入れており、例えばエネルギー・セクターについて国際エネルギー機関（IEA）の統計によると、国の総電力供給の96%以上を化石燃料に頼らず再生可能エネルギー（風力42%、水力30%、バイオマス21%、太陽光3%）により確保しており、エネルギー面から見れば世界でもっとも環境に配慮した国の1つとなっている。しかし、こうした持続可能な開発の歩みには一朝一夕にできるものではなく、国全体の息の長い取り組みが必要であったことは想像に難くない。

　筆者が、2013年の秋（南半球では春）、ウルグアイの首都モンテヴィデオで、ウルグアイ国際協力庁[2]、ウルグアイ環境総局[3]（現・環境省）と独立行政法人国際協力機構（JICA）が共同開催した中南米諸国向け第三国研修[4]「河川流域水質管理」コースに講師・専門家として参加した時のことだった。ウルグアイ環境総局の総局長との面談を申し込まれ、次のような協力要請の打診を受けた。「サンタルシア川下流域に高濃度の水銀汚

---

1) 人間開発指数（Human Development Index; HDI）は、国連開発計画（UNDP）により毎年更新されている。https://hdr.undp.org/data-center/human-development-index#/indicies/HDI

2) 国際協力庁は、ウルグアイ政府の国際協力を管轄する省庁であり大統領府の直属機関である。正式名称は Agencia Uruguaya de Cooperación Internacional（AUCI）。

3) 環境総局はウルグアイ政府の環境行政を統括する省庁であり、住宅土地整備環境省の一部局であり、正式名称は Dirección Nacional de Medio Ambiente（DINAMA）である。

4) 「第三国研修」とは、「南南協力」（開発途上国が相互の連携を深めながら行う技術協力や経済協力）の一環として途上国にて行われる人材育成を目的とした研修事業を指す。https://www.jica.go.jp/activities/schemes/ssc/index.html

染が見つかりました。私たちはこれに対して適切な対策を講じたいと考えていますが、水銀汚染はウルグアイにとっては経験したことのない問題ですので、この分野において水俣病等で多くの知見や技術を持つ日本からの技術協力を改めてお願いしたく思います」

　ここで総局長が「改めて」とされたのには理由がある。実はJICAはウルグアイ政府（環境総局）の要請を受けて、2003年10月から2007年1月まで開発調査[5]「モンテヴィデオ首都圏水質管理強化計画」（「第1期協力」と呼ぶ）、2008年4月から2011年3月まで「ウルグアイ東方共和国 サンタルシア川流域汚染源／水質管理プロジェクト」（「第2期協力」と呼ぶ）を行っていた。そして、第2期協力の終了後も環境総局は継続的に河川水質および底質のモニタリングを継続していた結果、明らかにされた水銀汚染であった（協力の系譜については図1-1参照）。

図 1-1　ウルグアイ・サンタルシア流域の水質管理に関する日本の協力の系譜（着色部分）
矢印は波及方向を示す。なお、破線部分は他援助機関（米州開発銀行、国際通貨基金、および国連環境計画）や民間資本による協力と連携および関係を示す（原図）。

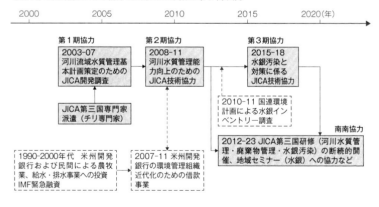

5)「開発調査」とは、開発途上国の政策立案や公共事業計画の策定などを支援しながら、相手国に対し、調査・分析・計画策定手法などの技術移転を行うJICAの技術協力事業。

　以上の打診を受けて日本に持ち帰り、JICA本部に報告し部内検討がなされた。その後正式の要請書がウルグアイ政府から発出されて両国政府の合意がなされ、2015年4月から2017年3月まで、両国の間で水銀汚染に関するJICA専門家派遣の技術協力（「第3期協力」と呼ぶ）が行われたのだった。筆者も専門家の1人として現地で技術協力に従事した。結果として水銀汚染の現状や汚染メカニズムが明らかにされ、被害者を1人も出さずに住民の合意のもと汚染封じ込め対策が講じられた。さらにはこの経験を中南米地域に幅広く共有すべく第三国研修セミナーなどの南南協力が、最近に至るまで（2023年2月）続けられている。

　本書では、2003年以来、日本（JICA）の実施するODA事業として[6] 行われてきたウルグアイ・サンタルシア川流域の統合的流域水質管理の確立に向けた3期にわたる国際協力の経験を振り返り、持続可能な河川水質管理のための環境管理機関の「対処能力向上」（キャパシティ・ディベロップメント）のプロセスに焦点を当て、水質モニタリングがどのように社会的価値を生み、やがて水質管理政策に活用されるようになったのか、そして、コモンズ[7]としての河川流域の水環境のガバナンスがどのように形成され、環境汚染の発生や被害を未然に防止することができたのか、持続可能な河川流域の水資源管理を実現するためにいかなる協力が必要だったのか、今後どのような課題が残されているのかを、20年余りのプロジェクト・ヒストリーとして描いてみたい。

　なお、プロジェクト・ヒストリーの基礎となる事実や情報の出典については、巻末の「参考文献」一覧を参照していただきたい。第1期協力と第2期協力はJICAが一般競争入札で選定したコンサルタントとの業務実施契

6）ODAとは Official Development Assistance「政府開発援助」の略であり、日本国憲法前文に述べられている国際協調主義に基づく公的な国際協力事業である。
7）「コモンズ」については、後述の「3－6．コモンズとしての流域のガバナンス」（p.114）を参照されたい。

約に基づく技術協力事業として実施され、一方、第3期協力ではJICA直営の技術協力事業として実施されたものである。いずれも報告書がJICAのホームページで公開されている。

　筆者は、第1期協力については直接の関与はしておらず、当時の報告書等の文献情報および日本およびウルグアイの関係者の聞き取り情報に基づいている。

　第2期協力では、筆者は、計画策定および相手国との協議（詳細計画策定調査）、プロジェクト運営指導および評価（インセプション、中間レビュー調査、終了時評価調査）について担当の国際協力専門員として従事したが、プロジェクト本体の技術協力活動はコンサルタント・チームが業務実施契約に基づき実行した。第2期協力当時、筆者はプロジェクトの節目で実施計画協議、中間レビュー、終了時評価などのために現地に1〜2週間ずつ計4回（計40日余）渡航したのみであり、そのため専門家（コンサルタント）チームから得られた現地情報や知見、報告書が情報面の大きなウェイトを占めている。

　一方、第3期協力およびその後の南南協力では、筆者は直営の環境管理分野専門家あるいは研修講師専門家として直接現地に派遣され、技術協力活動に従事しJICA技術協力事業の総括の役割を果たした。このため第3期協力の内容のほとんどは、筆者が直接知見した事実と情報である。

　よって以下のプロジェクト・ヒストリーの叙述は、筆者のみの知見のみならず、日本およびウルグアイの協力事業の関係者の報告、証言、見解をもとに、根拠をもってできるだけ多角的に分析したものである。執筆にあたっては、日本およびウルグアイの関係者からの現場の証言や回想を適宜引用させていただき、現場の臨場感を再現するよう試みた。また、本文論旨と関係する専門的なトピックについては8つのBOX記事として挿入し参考とした。

　最後に、当事者であるウルグアイ環境総局のプロジェクト関係者の方々には、現在（2023年）の水質管理の進捗状況について伺い、寄せていただいたメッセージおよびレポートを巻末（BOX⑨）に収録した。

　なお、本書にて表明されている見解はJICAおよびJICA緒方貞子平和開発研究所の公式な見解ではなく、あくまでも筆者の個人的見解であることをお断りしておく。

第 1 章

現状把握と計画づくり－第 1 期の協力

　国際協力事業は、まず現状を把握し開発課題を明確にすることから始まる。課題を明確にした後その解決を阻害する問題は何か、その解決のためのゴールは何か、解決のために何をなすべきか、日本はこれに対して何を支援することができるのか、を明らかにし、その協力計画を立てることが必要となる。

1－1　開発の進行と劣化するサンタルシア川の水質

　サンタルシア川流域はモンテヴィデオ首都圏に位置し、地方行政区画としてはモンテヴィデオ県、サンホセ県、フロリダ県、カネロネス県、ラバジェハ県の複数の県の行政区域にまたがって広がっている（図1-2参照）。このサンタルシアという名はキリスト教で広く信仰されている光の聖女（聖ルチア）に由来する。その名を冠しているということは、60%近くがキリスト教徒というウルグアイ国民にとっては、単なる地理的呼称を超えた特別の意味を持つ河川でもあるのだろう。

　サンタルシア川流域はウルグアイの六大流域の1つとして数えられ、ウルグアイの国土面積の約1割である13,482km^{2}の流域面積を有し、この流域には、実にウルグアイの全人口の6割近く（約190万人）が集中している。サンタルシア川流域はこれら多数の住民の飲用水や生活用水源、農牧業[8]や工業等の産業用水源としての重要な役割を担っていることに留意しなければならない。同国では全面積の80%以上が農牧地として利用されており、逆に言えばそれだけ同流域内には水資源の利用と排出、その結果としての水質汚染源もまた多数存在するということを示しているのだ。

　考えてみれば、水は生命にとって欠くことのできない物質であるが、その本性は絶えず環境中を循環していることにある。循環することによって、地

---

8) 農牧業とは農作物や家畜を育てる事業を指し、一般的な自給自足的農牧業から商業的または企業的農牧業までさまざまなタイプがある。ウルグアイでは、総輸出額の80%以上が農林畜産水産品であり、商業的または企業的農牧業が大規模化する社会的・経済的な背景がある（下保暢彦，2021）。

図1-2　ウルグアイの位置（左図）と、モンテヴィデオ首都圏およびサンタルシア川流域（右図）

圏、気圏、水圏などと相互に作用しながら、人を含む多様な生態系に多大な影響を与え、そのもとで人間社会は発展してきたのである。都市の形成や産業開発などは水の循環を介して環境に大きなインパクトを与える。サンタルシア川流域も例外ではない[9]。

　1990年代から2000年代初頭にかけて、ウルグアイ政府は世界銀行などの国際機関や民間の協力を得て、全国的な開発プロジェクトを多数実施し、農家の農業生産力の増強と多様化、灌漑および水資源開発を各地で個別に推進した。その結果、2,400以上の農家の投資事業への参加のもと、国内の灌漑面積は20%近く急拡大し、農業および牧畜業の振興がなされた。年間の牛の屠畜数は250万頭を超え世界有数の牛肉輸出国となった。このような経済開発は国内総生産を押し上げ、高度経済成長をもたらした（図1-3）[10]。

　しかしこのような急速な経済開発による負のインパクトも避けられなかった。牧畜のし尿による河川水質汚濁の進行、大量の水と化学肥料と農薬

9) 地図出典 Wikipedia Commons, https://commons.wikimedia.org/wiki/File:Uruguay_fisico.png
10) 世界銀行データベース https://data.worldbank.org/indicator/NY.GDP.PCAP.CD?locations=UY

図1-3 1990年から2022年の期間の国内総生産(国民1人当たり・米ドル(購買力平価))の推移

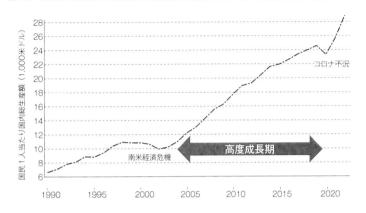

を必要とする高収量品種（大豆、米、トウモロコシ、綿花など）の栽培普及、パルプ原料の開発を目的としたユーカリの大規模植林等により、河川流域の水資源の分散的な大量消費と汚濁を招き、結果として河川の全般的な過剰取水と水質劣化が進行した[11]。

　なかでも最大の人口を擁するサンタルシア川流域は、すでに述べたようにモンテヴィデオ首都圏の飲用水の水源となっており、とりわけ水質を保全する必要があるが、化学肥料の土壌への大量の投入や牧畜廃棄物による窒素やリンの過剰が起こり、これらに由来する水質汚濁と富栄養化[12]の進行が懸念された。

　以上のような開発の進行に伴う水質汚濁の進行に対し、当初それぞれ

---

11) Carlos Céspedes-Payret et al.（2009），奥田他（2010），Vihervaara et al.（2012）による。

12) 富栄養化とは河川や湖などが栄養に富む状態になることを指す。ここで言う「栄養」とは水中の栄養塩（窒素化合物やリンなど）のことであり、植物プランクトンが繁殖するために必要な物質である。しかし過剰に富栄養化が進行すると藻類等が異常増殖し、水中の酸素消費量が高くなり貧酸素化し、水質が悪化して緑色等に混濁し、悪臭を放つようになる。

の地方行政（県）[13] は、個別に水質汚染対策を講じたが、実際のところ規模が大きく財政力のある県や都市ではある程度対応が可能であっても、そのような財政力を持たない中小規模の県・都市にとっては対処が困難であった。そのためウルグアイ政府は国際金融機関や国際ドナーの支援を受けて個別に環境インフラ整備[14]も進めていった。1990 年代には世界銀行の支援により上水道の供給や下水処理のための国家衛生公社（OSE）の近代化およびシステム修復プロジェクトが行われ、21 都市の上水道事業を改善し、12 都市の下水道普及率を改善した。 また、ミナス、トレインタ・イ・トレス、ドゥラスノの 3 都市には新たに下水処理場が建設され、合計 6 万人の住民に裨益した。米州開発銀行もまた 1990 年代に都市給水および下水処理プロジェクトを支援し、国家衛生プログラム、都市復興プログラム、およびモンテヴィデオと大都市圏での公衆衛生部局の創設がなされた。

　このように、開発に伴う河川流域の水環境の劣化に対してウルグアイ政府は手をこまねいていたわけではなく、下水道などの環境インフラの整備を行い、地方の関係諸機関、民間、市民団体等は水環境保全に関するさまざまな対策を講じてはいた。しかし、当時の段階ではあくまで個別地域の部分的で分散的な、地方行政の枠内での取り組みであり、河川流域の現実の姿の全体を見渡した広域の「流域管理」とは言い難いものだった。河川流域の水質に関する情報も統合されておらず、実施された水環境管理策は、県または都市の行政区画ごとに講じられる分散的な事後対策の性格が否めず、本質的な解決には程遠いものであった。こういった河川流

---

13) ウルグアイの地方行政システムは、県（Departamental）および自治体（Municipal）の 2 層からなる。このうち広域の地方行政を行う県は全国に 19 あり、5 年毎の一斉選挙で選出される首長（Intendente）および県議会（Junta departamental）によって運営されている。「県」の下に位置づけられる個々の市町村レベルの「自治体」は全国に 127 あり、これらもまた 5 年毎の一斉選挙によって選出される市長（Alcalde）および市議会（Junta municipal）によって運営されている。ただし、「自治体」（municial）については 2009 年以降設置された新しい地方行政機構であり、それ以前（つまり第 1 期および第 2 期協力の大半の期間）には県のみが地方行政（水質管理を含む）を担っていた。

　https://www.gub.uy/corte-electoral/elecciones-departamentales-municipales

14) 下水道、排水処理、廃棄物処理等の環境負荷を低減するための社会インフラを指す。

域の管理状況は、ウルグアイのみならず当時のラテンアメリカ諸国に共通して認められる特徴でもあった。[15)]

1－2　水は基本的人権 － 世界初の憲法規定

　ところで、世界全体に目を転じてみると、2000年の国連ミレニアムサミットにおいて「2015年までに安全な水にアクセスできない人々を半減する」という世界的な目標（国連ミレニアム開発目標；MDGs）が設定され、どのようにして水質汚染を防止し安全な水を供給するのかが国際的にホットな議論となっていた。とりわけ、給水や下水処理については大規模なインフラの整備が必要となるが、その投資資金をどのように手当てするのかが、開発途上国への支援に関して議論の焦点となっており、その方策として民間資金の導入や民営化の推進（つまり給水や下水処理サービスの提供を市場原理のもとで商品化すること）が提起されていた。当時、特に途上国に対してファイナンスを行う国際機関である世界銀行、国際通貨基金（IMF）、米州開発銀行（IDB）は、資金調達のみならず事業の効率性の観点からも積極的に民営化推進論を展開していった。途上国の主に大都市において、公営水道がうまく機能していないと評価され、効率的でよりよいサービスを届けることを目的に掲げた水供給や下水処理事業の民営化が推奨されたのだった。

　一方で、公共性の高い水道事業や下水処理事業を民間企業に任せることについて、生命の維持に必要な水が民間企業の「利益」を生み出すビジネスの商品として扱われることの危惧、水の供給や下水処理等の中断が許されない事業が民間営利ビジネスに担われると給水や下水処理に必

---

15) Cecilia Tortajada（2001）は、中南米の河川流域管理制度は西欧の流域管理モデルをそのまま移入したため、現地の条件に必ずしも適合していない面があることを指摘した。

16) MDGsの目標7「環境の持続可能性の確保」の中のターゲット7.Cにおいて、「2015年までに、安全な飲料水と基礎的な衛生施設を持続可能な形で利用できない人々の割合を半減させる」と設定された。

写真1-1　第3回世界水フォーラム総会
　　　　　（2003年・大阪、筆者撮影）

写真1-2　第3回世界水フォーラムの分科会での
　　　　　活発な討論風景
　　　　　　　　　　（2003年・大阪、筆者撮影）

写真1-3　各国のNGOもブースを出して活発に議論
　　　　　に参加した（2003年・大阪、筆者撮影）

写真1-4　第3回世界水フォーラムでのJICAの出
　　　　　展ブース（2003年・大阪、筆者撮影）

　要とされる安定性が必ずしも保証されないこと、経済的格差が生存と直結する安全な水へのアクセスに影響しかねない（貧困層が生存の土台である水にアクセスできなくなる）こと等の弊害も指摘された。

　このような背景のもと、日本（大阪・京都・滋賀）で2003年に開催された第3回世界水フォーラム（写真1-1から1-4）では、民営化賛成派・反対派双方の参加者間で激しい議論がなされた。筆者もこの会議に出席していたが、民営化による資金調達や効率化の利点を主張するグループと、水の公正な配分を主張するグループの対立は深く、結局、世界水フォーラムとしては「京都水宣言」において一般的な原則は確認したものの、水

道整備に係る資金の調達や民営化問題については何らかの一致した統一見解をまとめることはできなかった[17]。

　当時ウルグアイの世論の状況もこのような世界的状況と密接にリンクしていた。ウルグアイでは、水環境管理のための行政は歴史的に地方（県）行政に委ねられてきており、国の役割は基本的な法や基準を制定し開発を促進することにあった。そのような状況の下、ウルグアイでは水関連事業の民営化推進の流れの中1990年代からいち早く民営化を導入する地方があった。東部のマルドナド県である。1992-2000年に同県はスエズ社（フランスの多国籍企業）およびアグアス・デ・ビルバオ社（スペインのグローバル水企業）といった民間企業と給水事業および排水処理事業について一括コンセッション契約していたのだが、契約履行が不十分で水源の環境を大きく破壊したと訴えられる係争が起こったのだった[18]。

　これに加えて、2000年初頭のアルゼンチンの経済破綻にともなう経済危機が南米全体に波及しウルグアイも経済的苦境にさらされ国際通貨基金（IMF）からの緊急融資が必要となったのだが、その際、ウルグアイ政府とIMFとの間で取り交わされた合意において、前述の国際金融機関の民営化の考え方が色濃く反映され、全国レベルでの上下水道サービスの民営化を推進していくことが約束させられた[19]。

　これらのことが引き金となり上下水道サービスの民営化の是非についてウルグアイの国論を二分する全国的な議論が起こり、2003年10月に国民投票の実施請願署名が議会に提出され、2004年10月には、国政選挙と同時に「水は国家により管理すべきか否か」の国民投票が実施された。

---

17) 例えば一般財団法人地球産業文化研究所の第3回世界水フォーラム参加報告（概要）（2003年3月）。https://www.gispri.or.jp/newsletter/200303-4

18) カルロス・サントス、アルベルト・ビジャレアル「ウルグアイ：「水に対する権利」を勝ち取った直接民主主義」（コーポレート・ヨーロッパ・オブザバトリー・トランスナショナル研究所（編）佐久間智子（訳）（2007）所収）による。

19) IMFの2002年3月の意向表明書。https://www.imf.org/external/np/loi/2002/ury/01/index.htm

その結果、64.7％が「上水道と下水道サービスへのアクセスは基本的人権である」「水は国家によって管理すべきである」との案が支持された。この国民投票結果を受け、憲法第47条に「水は生命に欠かすことができない天然資源である。飲用水、下水道へのアクセスは基本的人権の構成要素である」などの条文が追加された（BOX①参照）。水についてこのように基本的人権としての規定を包括的に憲法に書き込んだのはウルグアイが世界最初の国といわれている。

憲法修正第47条に基づき、住宅土地整備環境省は国の給水と下水処理に関する政策を統括することとし、その業務を行うため新たに国家上下水道総局（DINASA）を発足させた。結局、民営化は上下水道の普及と水質改善には寄与しないと結論されたのだった。なおマルドナド県での上水道および下水道サービスの2006年の公営化以降は下水道へのアクセスやその結果としての水質の一定の改善が認められたと報告されている。[20]

BOX ① **ウルグアイ東方共和国憲法改正47条「基本的人権としての水」全文**[21]

「権利、義務、および保障」（環境）

憲法47条

水は生命に不可欠な自然資源である。飲用水道と下水道サービスへのアクセスは、基本的人権の構成要素である。

（1）国家上下水道政策は、以下に基づく：

　（a）国土法、環境の保全、保護、および自然の復元

　（b）将来世代にわたる水資源の持続可能な共同管理と、共同

20）ウルグアイ中央銀行のボラースら(Femando Borraz et al., 2013)は、マルドナド県での民営化の問題の分析と2006年以降の公営化による水質改善を報告しつつも、単なる民営化／公営化の二者択一ではなく水事業の制度設計にも多くの課題があることを指摘している。問題を民営化の是非だけで議論すべきではないとの指摘である。

21）憲法47条の訳文は佐久間智子（前掲書）による。

　　　の利益となる水循環の維持。水道利用者と市民社会は、水
　　　資源の計画、運営、管理のすべてに参加する。基本単位
　　　は流域とする。

(c) 人々に飲用水を供給するにあたり、地域、流域あるいは流
　　域の一部による水利用を最優先する優先順位を確立する。

(d) 飲用水道と下水道のサービスが依拠する原則は、社会的お
　　よび経済的な理由を最優先しなければならない。これら原則
　　に何らかの形で違反する許可、免許、または認可は、結果
　　のいかんに関わらず取り消される。

(2) 水循環に統合される表層水は、地下水と同様に、雨水を除き、
　　共同の資源であり、共同の利益に従属し、公共財の水として
　　国有財産の一部を構成する。

(3) 下水道および飲用水道の公共サービスは、国の代理機関が
　　独占的かつ直接に提供する。

(4) 上院と下院の各々において、5分の3の賛成で成立する法律
　　により、他国に対して、水が不足している時、あるいは連帯を
　　示すために、水を供給することができる。

　しかし、国民投票および憲法を改定してまで確認された「基本的人権と
しての水」という理念を現実のものとしていくためには、中央政府の政策
的・制度的・組織的な能力強化を行う必要があり、かつ、これまで水資
源・環境分野の行政実務を担ってきた地方各県・都市と中央政府との間
の調整と連携、協働が不可欠となったのである。そして、47条（1）項（b）
に明記されたように（BOX①参照）、「水資源の持続可能な共同管理」お
よび「基本単位は流域」ということが明確に規定された。ここに至って、各
地方行政レベルでの河川の水環境管理の分散的な対応から、より広域の

統合的な河川流域管理への方向性が憲法上の要請としても生まれてきたのだった。

憲法改正について提案し、国民投票請願を呼びかけ、先頭に立って活躍した市民連合グループ「水と命を守る全国委員会」（CNDAV）のカルロス・サントスは、今後の見通しについて次のように述べている[23]。『憲法改正の結果として、民営化された公共サービスを公共の管理の下に取り戻すだけに留まらず、水資源管理において持続可能性を追求し、市民参加を実現することが期待されている。（中略）問題は、参加や公的管理の定義はさておき、地域の水資源の管理に近隣住民と地域社会を参加させる具体的な方法が提案されていないことである。水道の恩恵を直接受ける住民は、水資源の管理と水道の運営に最も寄与できる存在であり、住民の参加を実現することはCNDAVの目標の1つである。改正憲法はさまざまな可能性を生み出した。最も困難な最初の一歩は踏み出すことができた。これからは、歩みながら学ぶことになるだろう』

憲法改正は、第1期協力（開発調査）実施のさなかに行われたわけだが、それは期せずしてこれからの協力の方向性を照らしたといえるのではないだろうか。特に改正47条（1）項と（2）項に明示された諸規定（BOX①参照）は、まさにその後の第1期と第2期のプロジェクトが提唱した統合的流域管理を目指す基本原則が整理されたものであり、カルロス・サントスの言う今後の「歩みながら学ぶ」プロセスでの活動目標を示しているからである。

1－3　水質管理のための法制度と行政組織

河川水質管理を適切に実施していくために、現地の人々や公共機関や

---

22)「流域管理」とは、行政境界ではなく河川流域という地理的空間的スケールを単位として環境保全や資源管理や問題解決のマネジメントを行うことを指す（和田ほか，2009）。

23) カルロス・サントス、アルベルト・ビジャレアル（前掲書）および Carlos Santos（2005）による。

社会全体が総合的な管理能力を発展させること（これを対処能力向上または能力開発（キャパシティ・ディベロップメント）と呼ぶ）を支援するにあたっては、これまで河川水質管理がどのような法・制度に基づき（制度のレベル）、どのような機関や組織によって（組織のレベル）実施されているのかを、まず明確にすることが必要である。ここで、ウルグアイにおける河川水質管理のための法制度と公的機関・組織について、第1期協力の開始段階（2000年代前半）での状況を整理しておくと、以下のようになる。

（1）法制度の概要

2004年当時のウルグアイにおける河川水質管理制度は環境保護法（法律17283号（2000）[24]）に基づいている。同法第6条では、「経済・文化・社会面を総合的に考慮した持続可能な開発」を念頭においた「自然の国ウルグアイ」を目指すとし、環境管理には予防・予知を最優先とする点、また、関連する公的・私的セクターの責任（汚染者負担原則）と環境保全への積極的関与の推進を図るといった事項が列挙されている。ウルグアイの水環境管理に関する基本的な法体系は一通り整備された状況にあり、水質管理の基本的な構成要素である、水質基準、産業排水・下水の公共水域への排出に関する許認可、汚染源管理と汚染者支払原則、環境水質モニタリング、水環境に関する情報公開や普及・啓発は、政令により定められている。

水質の環境基準は政令によって詳細[25]が規定されている。全国一律基準ではなく、水の利用目的に応じての用途別基準となっており、次の5クラスに分けられている（図1-4）。クラス1：飲料水の供給を目的とする、またはその可能性のある水；クラス2a：野菜、果樹、またはその他の農作物への

---

24) Ley de Proteccion del Medio Ambient https://www.impo.com.uy/bases/leyes/17283-2000

25) Decreto 253/979 Norma para prevenir la contaminación ambiental mediante el control de las aguas https://www.ambiente.gub.uy/oan//documentos//D253-79.pdf

灌漑用水；ラス2b：人体に直接接触するレクリエーションを目的とした水；クラス3：魚類全般および動植物生態系の保全を目的とした水；クラス4：都市部を横断する河川や湖沼の水または環境との調和を維持する必要がある郊外の水域で、人間の消費を目的としていない植物への水を含む。要すれば、クラス1および2（a, b）は、ヒトの生活環境や公衆衛生確保の観点からの水質基準であり、一方クラス3および4は生態系保全や景観資源の保護の観点からの水質基準（一般環境基準）ということができる。

　法制度に基づくエンフォースメント[26]（施行、執行）は、次節に述べる行政組織によって実行されることになっている。産業排水規制は、発生源に対する「指導と規制」（コマンド・アンド・コントロール）を基本とし、政令で排水基準および排出方法（下水道、河川、地中浸透）、公共水域への排水に関する許認可制度が定められている。

図1-4　ウルグアイの政令253/979号に基づく水利用目的別の水質基準の概要（原図）

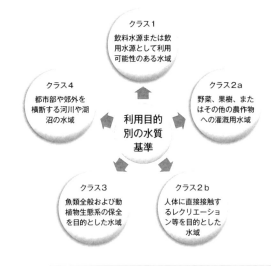

――――――――――――――――――――――――――――――――――――
26）法律を公権力の強制力をもって執行すること。

　以上のように、第 1 期協力開始以前（2000 年代初期）の段階で、水質管理に必要な基本的な法制度と基準は一通り整備されていたといえる。問題はそれらの法制度基準が実際の水質管理に効果を与えるものであったかである。このことについて考えるために水質管理実施体制がどのようなものであったのか、その組織体制と実施能力を検討しなければならない。

（2）河川水質管理行政組織の概要

　環境総局（DINAMA）は 住宅土地整備環境省（MVOTMA）管轄の局の 1 つとして 1990 年に設立された国の環境行政の中心的な役割を担う組織である。[27] 環境総局は環境保全に係る国家計画を策定、実行、監督、評価する責任があるとし、また、持続可能な開発を考慮した国家の環境管理方針を提案する機関である。このような役割から、憲法改定後の河川流域の水環境管理についても中心的な役割を担うこととなった。環境総局は、環境評価部、環境管理部、環境影響部、国立保護地域部および総務部の 5 部からなる。2004 年時点で総局長、部長を含め 68 名の職員を擁していた。このうち、とりわけ環境評価部と環境管理部が河川流域の水質管理行政を管轄・監督している部局であった。

　環境総局の環境評価部は、大気、水、生態系にかかる環境評価を行い、大気、水、土壌、生物相にかかる環境情報システムを構築・維持し、同局および関係省庁・機関（地方行政、民間、研究機関等）により実施される環境モニタリング活動を総括し、環境基準を提案する等の業務を所掌する。しかし第 1 期協力を開始した時点で環境総局がこれまで実施してきた環境モニタリングおよび分析は、特定の時期の単発的キャンペーンのみであり、河川流域全体を対象とした定期的で系統的な水質モニタリングは実施されていなかった。わずかに、地方行政であるモンテヴィデオ県当局

27）環境総局は 2020 年に住宅土地整備環境省（MVOTMA）から分離再編され環境省（Ministerio de Ambientes）になった。

写真1-5　環境総局（DINAMA）の中央庁舎　　写真1-6　上下水道総局（DINASA）の中央庁舎
　　　　（2007年筆者撮影）　　　　　　　　　　　　　　（2007年筆者撮影）

写真1-7　ウルグアイ国立技術研究所内の環境総　写真1-8　ウルグアイ国立技術研究所（LATU）の
　　　　局環境分析研究所（2017年筆者撮影）　　　　　　　全景　　（LATUホームページから転載）

は 1999 年以降、サンタルシア川流域の一部分である同県内の河川、海岸を対象にした定期水質モニタリングを実施してきた。県独自の分析ラボを有し、水質試料、工場排水試料の計測・分析を限られた水質項目について実施してきた。その他の県は、ばらつきがあるもののモニタリングはほとんど実施されていなかった。

　環境総局の環境管理部は、大気、騒音、廃水、固形廃棄物管理、危険物質管理、生態系保護地区での活動規制などを行い、環境基準や環境管理ガイドラインを策定する。主なものは、公共水域への廃水の排出の許認可、管理体制と運用状況の報告、査察・立入り検査と指導、勧告、違反に対する罰則の適用であり、強いエンフォースメント権限を有している。

　企業は環境総局の認可を得て初めて工場建設に着手でき、操業開始前に報告書を提出し、すべての環境要求を満たすことを前提に工場排水許可を取得しなければならない。このように、特定の工場や事業所（「点汚染源[28]」と呼ぶ）から発生する産業排水のエンフォースメントのための規制管理システムは法制度としては一通り整っているが、実際に機能しているとは言い難く、農業・畜産活動などに由来する面的に発生する汚染（「面汚染源[29]」と呼ぶ）のモニタリングと管理はほとんどなされていない状況だった。

　その他の水質管理に関係する中央政府の関係省庁は、国家水理局（DNH、運輸・公共事業省に属し、水資源の給水量を管轄）、衛生公社（住宅土地整備環境省の管轄下でモンテヴィデオ県の下水道を除く、全国の上下水道サービス事業を所管）、天然資源局（農牧省管轄で水利権を得るために必要な水・土地所有の許認可を所管）である。いずれも水資源の供給側の管理機関といえよう。

　また、憲法改正を受けて2006年には住宅土地整備環境省の下に、新たに上下水道総局（DINASA）が設立された。この総局は、ウルグアイ国内の水に関する具体的な課題を整理し、水資源の管理と保全について政策を立案し、大統領府に提案する役割である。

　以上の中央政府の組織制度体制に対し、地方行政は、廃棄物の収集・処理、都市道路の整備、環境衛生管理等の公共サービスの実施責任を有する。上下水道の管理は（憲法改正までは）各県の直轄事項であり、特に河川の水質管理に関しては県が多くの権限を有し活動を実施していた。サンタルシア川流域はモンテヴィデオ県、カネロネス県、サンホセ県、フロリダ県およびラバジェハ県にまたがるが、このうち、モンテヴィデオ県は

28）点汚染源（point source）とは、工場の排水口や下水道口など、特定のスポットの固定された水質汚染源を指す。汚染源の立ち入り査察や指導による規制を行える。
29）面汚染源（non-point source）とは、農地からの肥料や農薬、路面水（油・重金属）等の、排出源が特定できない面的で複合的な水質汚染源を指す。一般に規制が困難である。

写真1-9　サンタルシア川中流域の自然景観。しか
　　　　し農業・牧畜による水質汚濁が懸念さ
　　　　れる　　　　　　（2007年、筆者撮影）

写真1-10　サンタルシア下流域では都市化が進
　　　　　み、場所により水質汚濁や固形廃棄物
　　　　　による汚染が認められた
　　　　　　　　　　　　（2007年、筆者撮影）

比較的多数の職員を有し、水質方針策定、汚染源管理、水質モニタリング、普及教育等、すべての面で何らかの水質管理活動を実施していた。カネロネス県がこれに次ぐが、他のサンホセ県、フロリダ県、ラバジェハ県については必ずしも十分ではなく、実際の河川水質管理行政の在り方は県の力量によってさまざまであったといえる。

　このように、当時は河川水質管理に係る法制度も実施体制も環境モニタリング実施状況も不十分であり、首都圏ですら県によって対応が分かれる等、流域全体として総合的に水質や環境管理を行うには課題が山積している状況であった。こうした状況のもと、環境総局は改正憲法に明文化された理念である「流域単位の水資源管理」の構築を課題としていたものの、組織が弱小で政府機関としての施策・実行力が伴わないという状況であった。

1－4　開発調査と計画づくり（第1期協力の開始）

　サンタルシア川流域で徐々に進行しつつあった河川の水質悪化の状況を背景に、その比較的初期の段階（2001年）で、ウルグアイ政府から日本政府へサンタルシア川流域の水資源管理の実態把握と計画策定に関

する技術協力（開発調査[30]）の正式要請が出された。これを受けて要請内容を明確化するために、JICA は事前調査[31]を行った。米州開発銀行で計画されている水資源プロジェクトと重複が起こらぬよう調整したうえで、上下水を含む水資源・環境管理の大きなフレームの中で特に水質管理強化に焦点を絞った現状把握調査と実施官庁（環境総局）の行政能力強化のための基本計画（マスタープラン[32]）策定の必要性が確認された。当時の国際協力事業団（現 JICA）とウルグアイ住宅土地整備環境省は、2003年 に合意文書（S/W）を締結。第 1 期の協力である「モンテヴィデオ首都圏水質管理強化計画調査」が開始された。協力の対象地域は、サンタルシア川流域に加えて、モンテヴィデオ首都圏のクフレ川からパンド川までのラプラタ川沿岸を含む広域であった（図1-2）。

　　第 1 期の開発調査を立ち上げるにあたって、当時 JICA 社会開発調査部の担当職員であった深瀬豊は、以下のように第 1 期開始当時を振り返る。『この開発調査（第 1 期協力）では、相手国機関の能力向上（キャパシティ・ディベロップメント[33]）支援を目指しました。そのため、当時としては珍しい（恐らく JICA としては最初の）「本格的な技術協力プロジェクト型の開発調査」を企画しました。つまり、従来の開発調査の「JICA 専門家の調査団による調査、解析、計画策定、相手国への報告書提出」というスタイルとは異なり、相手国実施機関との協働をベースにした技術協力による能力向上計画策定プロジェクトを構想したのです。「統合マスタープラン（M/P）とは、水質管理にかかる具体的活動につき、誰が、何を、いつ、どのように実施するかの

---

30) 当初要請では、「モンテヴィデオおよび首都圏水管理のための環境マスタープラン」と、幅広い目的が設定されていた。
31) ウルグアイ東方共和国モンテヴィデオ首都圏水質管理強化計画調査事前調査（団長：太田正谿(JICA 国際協力専門員・当時)，JICA, 2003)。
32) 河川流域の現状と課題を正確に把握しその将来を予測し、あるべき姿を明確にし、そこへ導いていくために何をすべきか、という方針、戦略、計画が書かれている行政文書。
33) 「キャパシティ・ディベロップメント」については 1 - 3 および BOX ⑤参照。

具体的行動計画である」と事前調査報告書で述べていますが、単に目標だけを立てるのでなく、相手側が主体性をもって具体的な行動計画を示すようにしました。自国の行政能力向上を計画するのですから言ってみれば当然ですよね。ただ、ウルグアイ側には米州開発銀行のプロジェクトのように専門家に活動を全面委託するPMU[34]方式のイメージがあり、当時は、日本のコンサルタント会社にも従来型の開発調査しか経験がありませんから、この新しいコンセプトをウルグアイ側および受託コンサルタント（開発調査の専門家チーム）にも十分に理解してもらう必要がありました。こうしたことは現在の技術協力プロジェクトでは常識でしょうが、当時はJICAとしてこのような能力向上を目指す協力は全く新しいコンセプトでしたので、大きなチャレンジでした』

　2003年10月から日本の専門家チーム[35]が派遣され、環境総局との協力のもとに2006年12月まで第1期協力（開発調査）が実施された。
　この開発調査の上位目標[36]は「モンテヴィデオ首都圏の河川の水質が向上し、住民の衛生環境が改善される。また、将来における水質悪化が未然に防止される」とされ、プロジェクト目標[37]は「モンテヴィデオ首都圏における 環境総局と関連諸機関の水質管理能力が向上する」と設定された。また調査の直接的な成果として「モンテヴィデオ首都圏の総合的な水質管理強化のための統合マスタープランが策定される」「環境総局と関連諸機関の能力強化を図る」が掲げられた。これらはいずれも、前節で述べたウルグアイ国民の水へのアクセスを基本的人権として捉え（開発調査開始時点ではまだ国民投票はなされていなかったが）、流域管理を目指す政策的方向性を背景としたものであった。

34）PMU（Project Management Unit）方式とはプロジェクトの実施にあたって、プロジェクト実施組織PMUを特設し、そこにコンサルタント等の臨時の人材を雇用してすべての業務を行わせる方式。プロジェクトは円滑に実施できるものの、現地機関に人材、技術、経験などが残りにくくプロジェクト成果の持続発展性に問題を残すことが多い。

35）（株）建設技研インターナショナル（佐々部圭二・開発調査団長）。

36）協力終了後の数年以内に相手国政府が自助努力で達成しようとする中期的目標のこと。

37）協力の終了時点で達成すべき目標のこと。

　本開発調査の実施推進にあたり、住宅土地整備環境省の大臣を議長とし、環境総局、大統領府計画予算局、運輸・公共事業省水理局、国家衛生公社およびサンタルシア川流域の 5 県（モンテヴィデオ県、カネロネス県、サンホセ県、フロリダ県、ラバジェハ県）の代表者が参加する委員会（ステアリング・コミッティー）が設置されることとなった。また、上記委員会参加部局に農牧省天然資源局の関係者を加えた技術委員会（テクニカル・コミッティー）も組織されることとなった。JICA は専門家チームを派遣し、環境総局および関係者との合同調査、計画策定、および試行を行うことになった。

1 − 5　サンタルシア川流域の水質はイエローカード

　ウルグアイはサッカーの強豪国であり、オリンピックやコパ・アメリカ大会で何度も優勝し、ワールドカップ第1回大会（1930 年）でも優勝するなど、サッカーは国技のような位置づけでありウルグアイ国民の誇りでもある。しかしサンタルシア川流域の水環境の第1期協力開始当時（2000 年代前半）の状況は、サッカーに例えればイエローカード状態だったといえよう。

　ここで第1期協力の調査結果に基づき、改めて対象となるサンタルシア川流域の水環境の当時の状況について代表的な水質指標を手掛かりとして概観したい。

　モンテヴィデオ首都圏等の都市域における水質汚染の原因は、人口の集中による生活排水の増加、産業排水および固形廃棄物の不法投棄等であり、また郊外の農村部の河川支流域では農業牧畜業の開発に由来するリン、窒素、有機物による水質汚濁である。後に行われた2008-09 年の水質調査では、河川水中の全リン濃度は770μgL^{-1}[38]、全窒素濃度は1,659

38）全リン（T-P）とはリン酸、ポリリン酸など水中に存在するリン化合物の全体濃度を示す。
39）全窒素（T-N）とは有機態、硝酸態、亜硝酸態、アンモニア態などの形態で水中に存在する窒素化合物の全体濃度を示す。

μgL^{-1}を記録し、国の環境基準を超過していた。[40]それまで個別の対策が断片的になされたとはいえ、第1期協力の行われた2000年代の前半から半ばには、全体としてサンタルシア川流域の水環境の汚染は、富栄養化を中心に確実に進行しつつあったと考えられる。

サンタルシア川流域を広域で見渡してみると、その水質は都市域流の下部で水質汚染が見られるものの全体としてはおおむね生物化学的酸素要求量（BOD）[41]で 5 mgL^{-1}以下の水準であり、環境基準を超過してはない。しかし、警戒すべき点は、流域の中流部から下流部にかけて場所により全窒素濃度が次第に増加する点である。これは、牧畜の糞尿や農業の肥料に由来する面汚染源から高濃度の窒素汚染水が河川に流入していることに起因するものと考えられる。また、流域の貯水池における水質は富栄養化の可能性を示唆しており、首都圏の飲用水源の水質保全にとって潜在的な脅威となっている。[42]

また、人為的な水質汚染として六価クロム等の重金属汚染も確認されている。この原因として皮なめし工程で六価クロムを使用している皮革工場の不完全な産業排水処理があげられる。モンテヴィデオ県のサンタルシア川流域での水質モニタリング結果によると、半数以上の観測地点で全クロムが基準値の 0.05 mgL^{-1} を超過しているほか、鉛も多くの観測地点で基準値の 0.03 mgL^{-1}を越えている状況であった。

一方サンタルシア川が合流する下流部のラプラタ川流域の河川水質は、工場排水、都市排水、農地からの排水による影響を受けており、上述の全リン、全窒素、BOD、重金属が複合的に汚染を引き起こしている。ラプラタ川および大西洋の沿岸（ビーチ）は、特に夏季に多くの市民や観光客

---

40) 開発調査最終モニタリング報告書（JICA,2006）による。

41) 水中の有機物などの量を、その酸化分解のために微生物が必要とする酸素の量で表したもので、この数値が大きくなるほど有機物による水質汚濁が著しい。

42) 後に Chalar et al.（2012）は、サンタルシア川の富栄養化による淡水魚類の生態への影響について報告しており、富栄養化が生態系に影響を与えるほどに深刻であったことを示している。

で賑わう。郊外のビーチでの水質は全般に良好であるものの、モンテヴィデオ首都圏中心部近くのビーチでは、大腸菌等による水質汚染が認められる。モンテヴィデオの下水は通常はモンテヴィデオ湾沖合に放流されているが、降雨時等に下水道が溢水すると、ビーチの大腸菌濃度が増加し、BODは15 mgL^{-1}を超え、水浴に適さない水質（図1-4、クラス2bの水質基準を超過）となる。

　総じて、第1期協力の時点でサンタルシア川流域の水質は、富栄養化の傾向、場所によっては大腸菌および重金属等の有害物質による水質汚染を示しており、当時の状況ではまだ部分的で比較的軽微な汚染であるものの、このまま放置すれば、やがて河川流域の全般的な水質劣化を引き起こし、飲用水の水源として不適格になってしまう可能性があることが明らかであった。

1−6　河川の水質管理の基本方針

　2003年から2006年の開発調査では、サンタルシア川流域の統合的水質管理の基本方針として、「流域単位の管理」「系統的な管理」「統合的な管理」という三本柱が設定された（図1-4右側）。「流域単位」とは、行政区域にとらわれずに、自然界に成立している単一の水理システムとしてサンタルシア川流域を捉えることであり、これは改正憲法にも明記された考え方でもある。「系統的」とは、バラバラに行うのではなく系統的に、科学性と合理性を尊重し、事実に基づき体系的かつ論理的に水質管理を実施することである。「統合的」とは、水質管理を科学的、技術的側面にのみ偏らず、制度的側面や社会的側面も重視し、関係省庁が調整連携し、そして流域に生活し水資源を利用する人々や産業を包摂することである。これも改正憲法に明記されたコンセプトである。

　これら3本の柱を基本的なコンセプトとして、環境総局職員と日本から派

図1-5　サンタルシア流域の水質管理体制の確立と能力開発のための3つの柱と、提起された4つのモジュールとその具体的目標

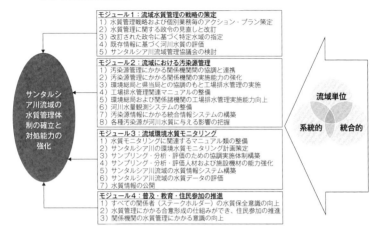

モジュール1：流域水質管理の戦略の策定
　1）水質管理戦略および個別業務毎のアクション・プラン策定
　2）水質管理に関する政令の見直しと改訂
　3）改訂された政令に基づく特定水域の指定
　4）既存情報に基づく河川水質の評価
　5）サンタルシア川流域管理協議会の検討

モジュール2：流域における汚染源管理
　1）汚染源管理にかかる関係機関間の協議と連携
　2）汚染源管理にかかる関係機関の実施能力の強化
　3）環境総局と県当局との協調のもと工場排水管理の実施
　4）工場排水管理関連マニュアルの整備
　5）環境総局および関係諸機関の工場排水管理実施能力向上
　6）河川水量観測システムの整備
　7）汚染源情報にかかる統合情報システムの構築
　8）各種汚染源が河川水質に与える影響の把握

モジュール3：流域環境水質モニタリング
　1）水質モニタリングに関連するマニュアル類の整備
　2）サンタルシア川の環境水質モニタリング計画策定
　3）サンプリング・分析・評価のための協調実施体制構築
　4）サンプリング・分析・評価人材および施設機材の能力強化
　5）サンタルシア川流域の水質情報システム構築
　6）サンタルシア川流域の水質データの評価
　7）水質情報の公開

モジュール4：普及・教育・住民参加の推進
　1）すべての関係者（ステークホルダー）の水質保全意識の向上
　2）水質管理にかかる合意形成の仕組みができ、住民参加の推進
　3）関係機関の水質管理にかかる意識の向上

サンタルシア川流域の水質管理体制の確立と対処能力の強化

流域単位

系統的　　統合的

（JICA調査団報告書（JICA,2007）に基づき筆者作図）

遣される専門家チームが協力し、（1）流域水質管理の戦略策定、（2）流域における汚染源管理、（3）流域水質環境モニタリング、（4）普及・教育・住民参加の推進の4モジュール[43]を構成要素としてサンタルシア川流域の水質管理能力向上基本計画（マスタープラン）の策定をすることとなった（図1-5）。モジュール毎に基本計画策定の骨格となる課題設定および目標を要約すると図1-5の中央部分のボックスの通りである[44]。ここで注意したいのは、「マスタープラン」というと、都市計画などでの20〜30年単位での投資やインフラ・施設建設（いわゆるハードウェア）に関する中長期の基本計画を思い浮かべるが、ここでは、流域の水質管理を持続可能な形で実行する能力の向上（つまりソフトウェア）のためのマスタープランの策定が

43）モジュール（module）とはシステムの中で独立性の高いまとまりのある機能を持った要素のこと。ここでは、河川流域の水質管理という大きなシステムの下での4つの水質管理上の要素をモジュールとして設定した。
44）第1期協力（開発調査）の最終報告書（JICA, 2007）の記述を要約・図化した。

目的である。しかも、ある種の汎用性、つまり各モジュールはサンタルシア川流域のみならず他の流域管理にも条件に応じて活用可能なものが想定された。

　では、これら4モジュールからなる河川流域水質管理能力向上基本計画（マスタープラン）の実行可能性や有効性を検証するために何をなすべきだろうか？マスタープランのドラフトが作成された段階で次に述べる試行的な実践をすることになった。

1－7　パイロット・プロジェクト

　「川の深さがわからないときに両足を入れて測るな」とは、米国の著名な投資家のウォーレン・バフェットがしばしばアフリカの格言として引用することで有名になった言葉である。未知の川の深さを測るときに一度に両足を入れ[45]てしまうと、川の深みや流れに足を取られて流されてしまう危険性があるから、まずは試しに片足で測るなどして慎重に対処せよ、あるいは、知らないマーケットで投資をするときはリスクを分散すべきであり一度に大きく投資してはいけない、といった意味の警句であり、未知のリスク回避のための試行の必要性を奨励している。

　ウルグアイにとってこれまで経験したことがない河川流域の系統的な水質管理システムを具体的に計画し実行に移す時も事情は似ている。いきなり大きなプロジェクトを開始するのではなく、それに先立って計画内容や方法が適切であるのか、どのような条件設定が必要なのか等を具体的に小規模の部分的な試行によって検証し、慎重に進める必要があろう。こうした、いわば水先案内人（パイロット）のような試行的事業のことを「パイロット・プロジェクト」と呼ぶ。つまり、パイロット・プロジェクトは、本格事業の前に行う試行であり、そこでは失敗もまた成功と同じように、あるいは成功する以

45）"Never test the depth of water with both feet." https://buffettquotes.com/depth-of-a-river/

上に、貴重な結果（教訓）となり得るのだ。

　マスタープランの構成要素として設定された4つのモジュールのうちの重点課題として、(1) 河川流域水質管理戦略に関する策定能力強化、(2) 水質情報データベース・システム構築、(3) モニタリングや汚染源管理に関するマニュアル類の作成、(4) 普及・教育および住民参加の推進、のそれぞれについて、パイロット・プロジェクトが行われた。

(1) 戦略策定能力強化（モジュール1の要素）の試行結果

　戦略とは、将来のありたい姿に向けてその姿と現在の姿のギャップを埋める道筋と手段を指す。河川流域の水質管理戦略に関する策定能力強化については、まず戦略を策定する主体が必要であり、そのためウルグアイ政府部内や環境総局内の複数の部局（水質をモニタリングし評価する部局、汚染源を管理する部局、分析を行う部局、情報を集約する部局等）の協力・協調体制を形成することが必要である。また、サンタルシア川の流域単位の水質管理を実行するために中央政府と地方政府が連携し調整する制度・仕組みの構築が不可欠である。パイロット・プロジェクトでは「水質協議会」という中央地方間の協議組織を立ち上げて流域の水質管理のための協調体制を確立しようとした。しかし実際には各々の機関の思惑に違いがあり一朝一夕には実現することができないことが明らかになった。

　汚染源管理の能力強化のために、日本での研修やチリの専門家を招いての現地研修による人材育成が行われた。一方、環境水質モニタリングにかかる能力強化のために水質モニタリング計画が策定され、定期的な水質モニタリングが開始された。ただし、水質分析は各県の小規模な分析ラボに依拠しており、水質分析能力が大変限られているというボトル・ネックが存在することがわかった。

（2）水質情報データベース構築（モジュール2の要素）の試行結果

　水質データの保存および有効利用を目的として、サンタルシア川流域の水質情報データベース（SISICAと呼ぶ）の構築パイロット・プロジェクトに取り組んだ。協力開始前の状態は環境総局の過去の水質データが各職員によって個人的に保存されており、本人以外は誰も使用できない状態であったが、パイロット・プロジェクトを通じて環境総局内で水質データが組織的に共有されるようになった。ただし、他省庁・機関で有する水質データや関連情報を集約することまではできず、データベースの更新・維持管理のための人材育成、中央および地方（県）での端末機器を含め情報処理インフラを整備していくことも必要であり、実際に運用するには多くの課題があることが改めて明らかとなった。

（3）マニュアル類の作成（モジュール3の要素）の試行結果

　日本や他国の事例を参照し、4種類の工場排水管理マニュアル、「工場排水流量観測指針」「地下水サンプリング、保存、運搬指針」「選任技術者登録マニュアル」「工場排水許認可マニュアル」が作成された。それまで工場排水などの汚染源の査察は環境総局の個々の職員の知識とノウハウに頼って業務を実施されてきたが、マニュアルによって標準的な手順が整備された。これらのマニュアルは、その後の水質管理・汚染源管理の業務の実施にとって大変有効なツールとなった。より幅広い水質管理業務のマニュアルの整備と、これらマニュアルを使っての具体的な水質管理・汚染源管理業務の強化およびスタッフのトレーニングが今後の課題であるとされた。

（4）普及・教育および住民参加の推進（モジュール4の要素）の試行結果

　水質管理に関する普及、教育、住民参加の推進のために環境総局内に「普及・教育推進グループ」が設置され、さまざまな活動が試行された。例えば、水質にかかる知識普及・教材開発、ニューズレター発行、ポスター、パンフレット、ステッカー、一般向けビデオ、子供向けビデオ・紙芝居等が、フロリダ県、教育関係機関関係者の参加を得て策定された。河川清掃キャンペーン、河川植生観察ツアー、小中学校での授業・イベント、各種ワークショップが実施された。これらの活動はメディアに公開され広く報道され、改めて地域住民の意識啓発と参加の重要性が確認された。今後の河川水質に係る普及・意識啓発活動をスポット的ではなく継続して実施していくことが重要課題であることが確認された。なお、このパイロット・プロジェクトで試行された住民参加促進の仕組みとして、フロリダ県に「フロリダ水質フォーラム」（70名余が正式参加）が自主的に設立され活動を展開したことは、後のサンタルシア川流域全域での意識啓発活動に向けて貴重な一歩であった。

　以上の第1期協力で実施されたパイロット・プロジェクトを通じて、河川流域管理の強化のためには、環境総局の中に管理者および専門的人材を育成し、部局間連携を促進し、環境分析研究所や情報ネットワークなどの施設機材を整備し、既存の情報を整理・解析し、継続的に幅広く普及・意識啓発活動を行っていく必要があることが明らかとなったのだった。

1－8　統合的河川流域管理に向けて

　ライバル（競争者）の語源は、ラテン語のrivus（川、河、流れ）から派生のrivalis（小川の、岸の、川を共同で使う者）という言葉から、16世紀後半以降英語のrival（競争者）になったとされている。[46]このように人

46）研究社羅和辞典（1952年版）およびOxford Languages（Web版）による。

間にとって河川の水に関する問題は、古代から社会の共有資源であると共に、近代になってコンフリクトの原因ともなってきたといえる。ウルグアイのサンタルシア川流域の場合も第1期協力で得た知見や経験は、モジュール1に係るパイロット・プロジェクトの事例を見てもわかるように（1-7.（1）参照）いくつものコンフリクトをはらんでおり、rivalの例に漏れないものだった。

　改めてサンタルシア川流域の水質管理の基本計画について見てみよう。戦略的で、系統的で、河川流域全体を見据えた水質管理システム（図1-5の三本柱参照）の構築を目指すものであり、水質管理に焦点を当てた統合的河川流域管理の構築を目指すものである。

　統合的河川流域管理とは、河川の上流から下流、河口部までの流域全体を1つの単位として、関係する複数の自治体や住民、企業など関係者の参加のもとに管理していく環境管理手法を言う。水資源、土地資源、その他の関連する資源の調和的な開発および管理を促進するためのプロセスであり、その結果もたらされる経済的、社会的な福祉の最大化を図りつつ、同時に決定的に重要な生態系の持続可能性を確保するものである。水による経済的・社会的な恩恵を、生態系サービスの持続可能性を損なうことなく、公平な方法で便益を最大化させるために水を計画的・総合的に管理する手法であるといえよう。日本では、琵琶湖・淀川水系の管理等が代表的事例[48]であり、世界的には、欧州のライン川流域、東南アジアのメコン川流域などで導入されている。行政区域や国境を越えて流れる河川流域の水環境を合理的に管理するためのアプローチとして、今後ますます広く適用されていくことが期待されている。

　その背景には世界全体の水資源の危機という問題がある。『20世紀は

47）"Integrated River Basin Management（IRBM）"；和田英太郎ほか（2009），田島正廣（編2000），濱崎宏則（2009），World Bank（2006），Hooper（2005）等による。高橋裕「水資源の統合管理の概念整理」（文部科学省科学技術・学術審議会ホームページ所収）がわかりやすく解説している。

48）中村正久（2005）が琵琶湖・淀川水系流域管理の歴史的経緯について論じている。

「石油」をめぐる戦争の時代だったが、21世紀は「水」をめぐる戦争の時代になる』とは、1995年に世界銀行元副総裁のイスマイル・セラゲルディンが予言的に述べた言葉である。ここに述べられている『「水」をめぐる戦争』という言葉に象徴的に込められた意味は、自然資源である水や水域が、国境や行政境界に関わりなく複数の国家や自治体・行政区域にまたがる場合があり、人為的な境界の故にコンフリクトを起こす可能性があるということを示している。コンフリクトを避けるには、国境であれ、行政境界であれ、これらの人為的な境界を超えて、その水域や流域に暮らす国民・住民やあらゆる関係者・機関が相互理解・連携・調整・協働することが必要となる。統合的河川流域管理では、流域全体を自然の1つの水理システム単位として捉え、コンフリクトを未然に回避するための関係者の合意形成や制度作りが大きな課題となる。つまり、統合的流域管理を構築するということは、コンフリクトを回避し社会が持続可能な水環境を享受するということであり、そのために必要とする技術は共生と協働の技術、いわば平和共存と共栄の技術といえる。これがイスマイル・セラゲルディンの言葉から汲み取るべき示唆だろう。

ウルグアイに目を転じれば、2003年〜2007年に第1期の協力を行い日本の事例を共有する中で、2004年の憲法改正で流域単位の水管理が規定され、サンタルシア川流域においても統合的流域水質管理を行う必要性が一般論としては確認された。

しかし、第1期の協力では、全体的な流域委員会の組織化には到底至らず、統合的流域管理の方向性や流域委員会組織化の必要性が、水質管理を効果的に実施するための一般的な枠組みとして示されたのみだった。また、中央政府機関における部局間連携についても大きな課題を残した。当初中央政府の部局間連携のための横断的組織として設置が提案さ

---

49) モード・バーロウほか（2003）に収録されている Ismail Serageldin の発言。

れた「水質協議会」は、関係省庁の参加が得られず、まして水質に関する各省庁の保有情報の交換すらままならず、結局のところ第1期協力では、流域の水質管理のための関係省庁の組織化は掛け声だけで終わり、持続的な取り組みとはならなかった。

　2006年に開発調査（第1期協力）終了時のJICAのモニタリング調査団に技術団員として参加した日本工営株式会社の氏家寿之は、当時の調査を振り返り次のように述べている。『水質管理能力の向上支援を目指す開発調査の締めくくり段階の調査ということでしたが、現地で関係者にインタビュー調査をした結果、パイロット・プロジェクトの実施や研修等を通じて関係者間のコミュニケーションが取れ始め、全体として水質管理の技術面の底上げがなされたという点で多くの方が評価されていました。しかし、マスタープランや今後の進め方についてはさまざまな意見があり、具体的に水質管理を進めていくためには、より一層の能力向上を進め計画・実行していく必要があると思いました。現地調査をしてみて、改めて大変難しい課題に取り組んでおられる協力事業だなと感じました』

とはいえ、ウルグアイにおいてこの時点で目指していたのは、憲法改正において示された流域管理の枠組みの下で、水質モニタリングと汚染源管理に基づき合理的にアセスメントと河川水質管理を行うことであった。それは水質の劣化や汚染が流域に暮らす人々の生活と経済社会活動の基盤である水環境を棄損し流域における水資源の需要と供給のバランスを崩すことを防止することであった。河川流域という自然環境が下水・排水の排出先であり、自然の浄化プロセスというある種の生態系サービス提供の場でもあることに鑑み、そのサービスが維持可能なものとなるよう過度の環境負荷を制御して水質の劣化を防止し、これをもって流域住民の基本的人権たる水資源を保全することにあった。つまり、水質の状況を把握するモニタリン

グとその環境インパクトを予見し対処を検討するアセスメントの両機能を包括する統合的流域水質管理を行うことを目指したといえよう。[50]

　第1期の協力を全体として振り返るならば、サンタルシア川流域の統合的水質管理に向けてその方向性と枠組を明らかにし、流域管理体制の確立と能力強化のための基本計画（マスタープラン）として確認した段階であるということができる。しかしこの基本計画を具体的に実行に移し統合的流域管理を社会実装するためには、まだ多くの課題があり学びと実践が必要だった。第2期の技術協力における水質管理能力の強化が必要とされた所以である。

　2006年12月には第1期協力（開発調査）の達成度を評価するモニタリング調査が行われ、第1期協力が、マスタープラン策定協力のみならず、[51]パイロット・プロジェクトを通じて環境総局の職員（個人）および組織のレベルでの基礎的能力の向上に一定の貢献をしていることが確認された。

　　JICAモニタリング調査団に参加した国土交通省国土技術政策総合研究所の大沼克弘は、開発調査の終了時の現地モニタリング調査の結果を次のように総括した。『しかしながら、現状ではまだ水質マネジメントのスタートラインに立ったにすぎない。持続可能な水質マネジメントを行っていくためには、「計画－実行－点検－見直し」のマネジメント・サイクルを確立していく必要がある。そのためには、まず水質の目標を設定し、その目標を達成するための計画を策定し、その計画を実行に移し、その効果を、モニタリング等を通じて点検し、その結果を計画の見直しに反映させていく必要がある。目標設定作業を

50）「モニタリング」とは、特定の目的（例えば規則の遵守や施行または管理戦略の確立など）に向けて水質データを繰り返し取得することである。一方「アセスメント」とは、モニタリング・データを活用し、汚染の影響を推定し、その制御の観点からデータを評価解釈することである（グリッグ，2000）。

51）第1期協力の終了にあたり、JICAは現地モニタリング調査団（団長：山田泰造JICA国際協力専門員・当時）を派遣し、現地関係者へのインタビュー、視察、協議が行われた（JICA，2006）。

早急に進め、その目標を達成するため、水質シミュレーション・モデルを構築し、そのモデルを活用し、費用対効果を勘案し、関係機関と調整を図りつつ、さらには市民の意見を聞きながら、汚濁負荷削減計画を策定する必要がある。また、このように位置づけられた汚濁負荷の削減計画の推進のための関係部局の役割分担も明確になる。開発調査で組織化されたステアリング・コミッティがまさにその調整の場となると考えられるが、ステアリング・コミッティの停滞は汚濁負荷削減計画策定の遅れにつながると思われる。このようなマネジメント・サイクルが確立できなければ、これまでの取り組みが水泡に帰す恐れさえある。すなわち、時間が経過するにつれ人が入れかわり、何のためのモニタリングなのか、何のための情報の共有化だったのか、何のためのステアリング・コミッティなのか、何のためのパブリック・インボルブメントなのか…　がだんだんわからなくなり、取り組みが次第に弱体化していく可能性もある。自立発展性の観点から現状では危惧されることがいまだ多い感がある。さらには、関係機関との連携や調整に関してはまだまだ不十分である』

　また、個人的感想として次のようにも述べている。『今回のウルグアイでの調査では見るもの聞くものが新鮮なものばかりでした。日本では体験できない強烈な悪臭を放つパンタノソ川等の都市部の中小河川の現状、日本の下水処理場しか見てこなかった私にとっては処理とは呼べないような同国の下水処理の現状、さらには誰でも入れる河川敷の放流桝からしみ出ている下水処理水、少ない予算ながらも日本での研修等で身につけたことを活用しつつラボの運営に尽力されている職員の方、日本国とは大きく異なる予算執行体制…。日本の常識は世界の常識ではないことを実感しました[52]』

---

52) JICA（2006）「モンテヴィデオ首都圏水質管理強化計画現地モニタリング調査報告書」の「水質管理行政団員所感」から抜粋。

第2章

キャパシティ・ディベロップメント支援
－第2期の技術協力

　第1章で述べた第1期協力は、基本的に現状を把握し課題を明らかにする調査および計画策定の段階の開発調査（2003年10月から2007年1月まで）であった。すなわち、環境総局を実施機関として、現状把握調査を実施し、「サンタルシア川流域の水質管理能力強化のためのマスタープラン」を策定し、マスタープランを構成する活動の一部分をパイロット・プロジェクトとして試行し、今後の課題を分析したのだった。

　この第1期協力の結果を受けて、ウルグアイ政府は、サンタルシア川流域の統合的水質管理に関して、「法制度および組織体制の改変」「インフラ・施設機材関連の整備」「水質管理対処能力強化」という3つの事業を重点課題として展開することとした。このうち「法制度と組織体制の改変」はウルグアイ政府・環境総局の自助努力で、環境分析研究所建設や情報処理システム構築といった「インフラ・施設機材関連の整備」は米州開発銀行の借款事業および民間資金で実施することとなった。一方、特に新たなノウハウと知見を要する「水質管理対処能力強化」（汚染源管理および河川水質管理）については、外部からの技術協力支援が必要な部分があると判断され、環境総局からJICAに対し、改めて第2期の国際協力（技術協力プロジェクト）の要請がなされていた。こうして第2期協力「ウルグアイ東方共和国サンタルシア川流域汚染源／水質管理プロジェクト」が準備された。

2−1　課題山積の第2期協力

　技術協力プロジェクトを実施するにあたっては、プロジェクトの実施に先立ってJICAから「詳細計画策定調査団」が現地に派遣され、プロジェクトの具体的な設計や実施計画について協議し、その技術協力計画について両国間で合意しなければならない。この調査団に派遣された筆者は、当初、すでに第1期の協力（開発調査）の経験があり、今後の方向性もほぼ明らかにされているのでプロジェクトの実施計画については速やかに協

議が進み協力計画に合意できるだろう、と予想していた。しかし、実際には詳細計画調査における相手側との協議は難航した。

　この背景には、第1期の協力を通じてウルグアイ側にサンタルシア川流域の水質管理に関する全体像と多くの課題が具体的に（身に染みて）見えてきたことによる不安感や焦燥感、関係機関の調整と連携が予想以上に困難であることの実感、後述（BOX②参照）のアルゼンチンとの国境の河川に関する係争に関わって、環境総局の水質モニタリングや汚染源管理に関する能力強化が社会的にも政治的にも一大焦点となっていたこと、並行して計画されていた米州開発銀行との借款プロジェクトとの調整が必要であったこと、などが挙げられるだろう。

　また、第2期協力において目指すのは本格的な能力強化支援であり、ウルグアイ側が一層の主体性を持ち、両国の専門家チームの深いコラボレーションが求められるアプローチだ。このような中で、新たな技術協力プロジェクトにおいて具体的に何をどのように行うのかについて、環境総局や関係者からはさまざまな意見が出され、プロジェクト設計の一致点がなかなか見いだせず当初協議は困難を極めた。

　いずれにしても、環境総局の当局者は初期の段階での固定的な実施計画策定について非常に神経質になっており、第1期協力以来の基本的な方向性は確認しつつ、JICAと環境総局の専門家チームが十分な時間をとって徹底的に協議し具体的な実行計画（アクション・プラン）を逐一作り活動する、ということになった。このこと自体は、環境総局側のプロジェクトに対する強い当事者意識（オーナーシップ）と主体性の現れであり、また環境総局のプロジェクト・メンバーの内発性を引き出すうえで、効果的なアプローチであると考えた。

　　JICAウルグアイ支所の廣井なおみは、当時環境総局の職員らから聞いた

話を振り返り次のように語る。『私はウルグアイ人なので話しやすかったという面があると思いますが、率直なところ第1期協力（開発調査）での環境総局の職員の受け取り方は、日本のコンサルタントが中心になってどんどん決めて行うという感じがしていたのだと思います。モノやマニュアルなどを作るだけならばそれでもよいかもしれませんが、実際に何かを実行するということならばそれでは無理があり、多くの課題や制約がある中で、自分たちでやれる活動を自ら決めてプロジェクトを進めたい、という強い意向があったのだと思います。このように協力のやり方についてウルグアイ側にはいろいろ意見はあったと思いますが、日本と協力することに対する根本的な信頼感はあったと思います。だから第2期の協力を要請しそこでは徹底した協議に基づくプロジェクト実施を望んだのではないでしょうか』

　環境総局の組織内の調整と連携については、公共水域で一般環境モニタリングを行う環境評価部と汚染源において排水の査察や立ち入り検査・監督を行う環境管理部の関係が縦割りのサイロ型マネジメントで、汚染源管理と環境モニタリング評価という本来緊密な連携が不可欠の仕事であるにもかかわらず、両部局間の調整と連携が不十分な状況だった。このままでは、課題を個別の業務に細分化しそれぞれの業務の能力強化に対する協力、つまり要素還元主義に陥ってしまい「木を見て森を見ず」になってしまう恐れがある。

　第2期協力のプロジェクトでは、このような状況に対応して、変則的だがプロジェクト・マネージャーを環境評価部と環境管理部からそれぞれ任命する2名の共同マネージャー（co-managers）体制とすることとした。そして両者の上位に環境総局長がプロジェクト・ディレクターとして全体を統括するというプロジェクト運営体制とした。

---

53) 飼料などを貯蔵する塔状のサイロ（silo）に例えて、縦割り組織構造を「サイロ型組織」と呼ぶ。

詳細計画策定調査で協力企画を行い、その後JICA担当職員として第2期の技術協力プロジェクトを仕切った田村えり子は、当時を振り返り次のように言う。『ラテンアメリカというと一般に楽天的で明るいイメージなのですが、こんなにも深刻で暗い雰囲気とは思いませんでした。また、第1期協力の開発調査がどちらかというと日本の専門家主体でレポートを書いていたことに対し、「JICA技術協力プロジェクト」という双方向での共同作業の概念を環境総局側がイメージしきれておらず、この点の懐疑的な思いも感じられました。他ドナーの協力も当時あり、ドナー資金で設立されたプロジェクト・マネジメント・ユニット（PMU）が手を動かす形態とも違うということを理解しようとしていたものの、彼らにとってJICA技術協力のアプローチがなかなか理解できず、協議中にフラストレーションを感じていたように見受けられました。環境総局は当時非常に弱い組織でしたが中核職員には責任感の強い方も多く、JICA側が提案した技術協力のスコープに対して、自分たちに本当に実施できるのだろうか？というプレッシャー、課題の大きさと自身の力のギャップに対する自信のなさもあったのではないかと思います。技術協力プロジェクトについていい加減ではなく真剣に捉えられているのは良いのですが、時間がかかり、一時はプロジェクト実施について合意するのは無理ではないかと覚悟さえしました』

2－2　プロジェクト・デザイン

　こうして、紆余曲折はあったものの、プロジェクト・デザインの大枠はまとまった（図2-1）。約3年をかけて6つのアウトプット（成果）を出すためのさまざまな活動を行い、これらの成果に基づきプロジェクト目標「環境総局および関係機関のサンタルシア川流域の汚染源管理／水質管理能力が強化される。」を達成しようというものだ。そしてプロジェクト活動を行うにあたっては、文字通りウルグアイと日本の専門家が協働型の活動を行うことを前提とした。技術協力プロジェクトの成否を分けるのは、両国の専門家チームの協力とコラボレーションの質であり、協働型を前提にすることはJICA側とし

図2-1　第2期協力プロジェクトの6つの期待される成果（アウトプット）とプロジェクト目標および上位目標よりなるプロジェクトの概要

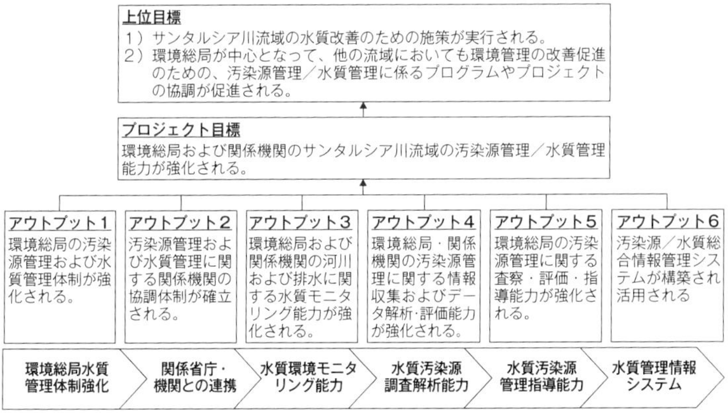

上位目標
１）サンタルシア川流域の水質改善のための施策が実行される。
２）環境総局が中心となって、他の流域においても環境管理の改善促進のための、汚染源管理／水質管理に係るプログラムやプロジェクトの協調が促進される。

プロジェクト目標
環境総局および関係機関のサンタルシア川流域の汚染源管理／水質管理能力が強化される。

アウトプット1	**アウトプット2**	**アウトプット3**	**アウトプット4**	**アウトプット5**	**アウトプット6**
環境総局の汚染源管理および水質管理体制が強化される。	汚染源管理および水質管理に関する関係機関の協調体制が確立される。	環境総局および関係機関の河川および排水に関する水質モニタリング能力が強化される。	環境総局・関係機関の汚染源管理に関する情報収集およびデータ解析・評価能力が強化される。	環境総局の汚染源管理に関する査察・評価・指導能力が強化される。	汚染源／水質総合情報管理システムが構築され活用される

環境総局水質管理体制強化	関係省庁・機関との連携	水質環境モニタリング能力	水質汚染源調査解析能力	水質汚染源管理指導能力	水質管理情報システム

（JICA、2007の詳細計画調査により作成されたプロジェクト・デザイン・マトリックス（PDM）をもとに編図）

ても大いに望むところであった。

　このプロジェクトを実施するための体制としては、環境総局に加えて関係省庁、地方行政（県）、日本側関係者の参加のもと、第1期の開発調査の段階で提案されたものの定着しなかった関係省庁の「水質協議会」の必要性を改めて確認し、第2期協力でもそれを「ステアリング・コミッティ」として位置づけ、形式だけにならぬよう実質的に関係者の協議と合意をもってプロジェクトを実施することとした。また、プロジェクトに関わる技術的な課題を協議するために、関係諸機関の技術者による技術委員会（テクニカル・コミッティ）も随時開催することとした（図2-2）。

　JICAは5名の専門家〔①総括／（組織・制度の能力開発）、②汚染源管理（モニタリング、汚染物質管理）、③汚染源管理（工場査察、汚染物質処理）、④データ解析・評価／地理情報システム（GIS）、⑤水質分析／ラボ管理・有害物質管理／業務調整〕よりなるチームを派遣し環境

図2-2 技術協力プロジェクトの実施体制としてのステアリング・コミッティの組織体制

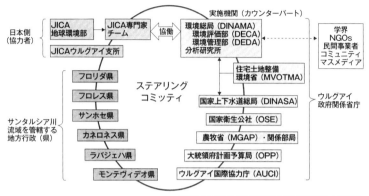

（JICA,2007の詳細計画策定調査結果に基づき編図）

総局との技術協力にあたることとした。[54)]

　第2期の技術協力はウルグアイ側の人材育成、組織および制度面での課題対処能力強化を目的とした「技術協力プロジェクト」であり、これまで述べてきたように、環境総局のチームの主体性を徹底的に尊重しJICA専門家チームがそれを支援する、あるいは協働することをもって原則とした。しかし、関係省庁・機関の代表者からなるステアリング・コミッティは、第2期協力の当初においては、最大の汚染源（農牧業による排水や面汚染源）を管轄する農牧省、モニタリングの実行に係る環境分析ラボの参加が得られず、地方行政（県）もサンタルシア川流域のすべてをカバーする参加とはならず、第1期協力の経験から予想されたこととはいえ、難航が予想される船出であった。

　サンタルシア川流域の県としては最大の規模を有し、ある程度独自に環境管理業務を行う力量を持つモンテヴィデオ県と中央政府（環境総局）の

---

54) JICA が専門家として従事するコンサルタントを選定する。

確執が表面化した。ステアリング・コミッティの組織化や流域管理の方向性そのものに合意が得られず、これに加えて、プロジェクトのリソース（予算）への不満、その再配分要求といったことがプロジェクトのステアリング・コミッティ第1回会議においてモンテヴィデオ県当局の代表者から出された。こうした地方（県）行政の主張から垣間見えるのは、行政区画を超えた広域の河川流域管理という目標とは裏腹の極端な地方分権の分散的な心象風景であり、JICA技術協力プロジェクトを両国の専門家の協働の場、技術移転の場としてではなく、リソース配分の場としてしか捉えることのできない視野の限界だった。

　筆者自身もこの会議にJICA専門家チームと共に同席したが、モンテヴィデオ県当局者の環境総局とプロジェクトに対する不信感に満ちた質問に辟易としたことを記憶している。もともとウルグアイの中央政府と地方政府（県）の間には、歴史的にさまざまな確執があったとされる。これを克服し共通の課題であるサンタルシア川流域の水質管理に取り組むために、対等な立場で話し合い協力して問題を解決する場としてステアリング・コミッティの形成を図ったわけだが、当初は逆に確執を顕在化させてしまう場となったのは皮肉な成り行きだった。

　この中央政府と地方行政の確執あるいは強い地方分権意識（または郷土愛やパトリオティズム）がどこから生まれるのかについては、さまざまな見方がある。ただ、言えることは、これまで水資源・環境行政については、地方が主体となり取り組んできたという歴史的な経験の積み重ねが背景にある[55]。従来は個別の地方による分断的なマネジメントによっても大きな河川流域全体としては深刻な問題が起こらないような比較的小さな経済的社会的規模、環境負荷発生量であった。それが2000年代初頭以降の急速な開発（図1-3参照）によって、従来のやり方では間に合わない規模になっ

---

55) Kent Eaton（2004）は、ウルグアイにおける全般的な強い地方分権（decentralization）指向の政治的傾向を指摘しつつ、それでは管理できない環境配慮上のリスクについて論じている。

てきたということなのである。しかも、この急速な開発は、大規模農場および牧場、ユーカリのプランテーション、食品産業の大規模経営を生み出し、新しい技術も導入され、地方の個別の努力では汚染源管理や排水処理についての水質管理のコンプライアンスを確保し、効果的に制御・対応することができないものになった。さらには、中央と地方、専門家と一般市民の間の意識の差も生まれた[56]。また、モンテヴィデオ首都圏などの都市部では経済的格差も深刻となり、貧困層やスラムも形成され、流域に対する固形廃棄物や下水などの新たな環境負荷発生源が生まれた（写真1-10など）。

　こうした問題は、地方への予算配分や財源確保の必要という直接的な問題も含んでいるため、それぞれの地方行政の個別施策や努力だけではなく、より広くウルグアイの国家全体として解決していく必要があり、そうでなければ持続可能な解決はあり得ない。そもそも、基本的人権としての水に関する国民投票や憲法改正も、このような文脈の中で生まれてきたものだった。第2期協力の時期は、開発の結果生まれてきた新しい現実と脅威に対して、サンタルシア川流域の水質管理という課題を通じてウルグアイ社会が生まれ変わろうとする、いわば過渡期の生みの苦しみの時代であったともいえるのではないか。

　ともあれ、中央政府（環境総局）には、他省庁の非協力や地方の思惑の違いを未然に調整する力がまだ弱く、統合的な流域水質管理の確立のために多くの組織・制度上の課題があるなど、第2期の技術協力の実施にあたっては難問が山積していることが明らかだった。

　環境総局で水質モニタリングを担当したガブリエル・ヨルダは、当時のJICAとの技術協力活動を振り返って以下のように述べている。『JICA専門家チームは、双方が満足し、双方が設定した目標を達成できるような方法で物事を進

56）Vihervaara et al.（2012）は、ウルグアイでのユーカリ等の大規模植林事業を事例に、専門家と一般市民の間に環境配慮や規制に関する意識に格差があることを指摘している。

めるよう、私たちとの意見交換にかなりの時間を費やしました。関係者間でアイデアを交換するために多くのプロジェクト時間が費やされました。日本とウルグアイの形式は大きく異なっていたため、いずれかのやり方を押し付けようとしてもうまくいかなかったでしょう』

　同じくJICAプロジェクト専門家として活動した日本工営株式会社の檜枝俊輔も、当時の協力を振り返り次のように述べる。『専門家チームと環境総局のカウンターパートの間での、何でも完全に合意したうえで実行するというやり方は本当に徹底したものでした。PDMの各活動の具体的な実行計画（アクション・プラン）も、すべて会議を開いて1つひとつ事細かに議論し、全員の合意で決めていく、というやり方でした』

BOX ② 技術協力の段階的発展と主体性（オーナーシップ）の変化

　ウルグアイ側とのプロジェクト計画時の協議の様子について、JICAの内部報告書に以下のような記述がある。『環境総局との協議に出席し痛感したのは、「前回のプロジェクト（2003-07年実施の開発調査を指す）のスタイルを繰り返したくない」という環境総局側の大変強い意向であった。環境総局の担当部長によれば、第1期協力（開発調査）においては河川水質管理について技術面で成果があった反面、プロジェクト運営について一方的でフレキシビリティに欠いた面があり、結果として環境総局側の意見を必ずしも反映していない面もあった、対等の協力関係が必ずしも成立しなかった、というのだ[57]』おそらく環境総局のメンバーと第1期の協力の調査団チームの間に何らかのコミュニケーションの行き違いがあったのだろう。また、当時のJICA開発調査は、どちらかといえばコンサルタント契約に基づく協力であったということ

57）ウルグアイ・サンタルシア川汚染源・水質管理能力向上プロジェクト・インセプションレポート協議現地運営指導調査報告（JICA, 2008）。

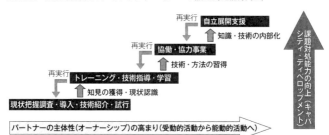

技術協力の段階的発展とキャパシティ・ディベロップメント（課題対処能力向上）

（筆者原図）

も影響しているのかもしれない。ただこうした環境総局側の意向からいえることは、環境総局の本プロジェクト実施に係る大変強い主体性（オーナーシップ）である。

　一般に、能力開発を目的とした技術協力事業においては、支援者である専門家と能力開発の当事者であるカウンターパート（協力における相手側機関の職員）の間の関係は、協力の方法が「現状把握調査・導入・技術紹介（Demonstration）」「トレーニング・技術指導・学習（Training & Learning）」「協働・協力事業（Collaboration）」「自立展開支援（Self-reliance）」と発展していくとき、これに伴いカウンターパートは受動的活動から能動的活動に変容し、オーナーシップは次第に高くなる（図の階段状の発展）。つまり第1期協力の受動的段階から技術協力が段階的に発展し、第2期協力ではウルグアイ環境総局のオーナーシップが高まり、協働・協力事業の段階にさしかかったのだ。それは、ウルグアイと日本の専門家の双方にとっては新たな協力スタイルを創るチャレンジと産みの苦しみの時期でもあったといえよう。

　中央政府機関も地方政府機関（とその背後の地域住民や関係者）も、組織の壁を越えてサイロ型を排し、対等に意見を交換し共通の問題について対処を決める——そのようなステアリング・コミッティ方式を続けていくこと自体に、第2期協力の根幹というべき、流域水質管理のために利害関係者を組織し、利害を調整し、連携を推進し、合意を形成していくという、新しいガバナンス様式の提案が含まれているのだ。ステアリング・コミッティはその「場」を提供するものであり、この「場」を通じて関係者の間の将来的な流域委員会の母体となることを狙ったものだった。

　米国の社会心理学者クルト・レヴィンは「場の理論」において、人間の行動はその個人の人格とそれを取り巻く環境との間の相互作用によって決定されるとした[58]。ここで言う「場」とは、環境であり、ステアリング・コミッティという複数の関係者が集まり、それぞれの意見を表明し戦わせる場、機会と空間の事を指す。「場」とは、「多様性をもつ個が自立的かつ自律的に振る舞いながら、それぞれの個の意識的な相互作用（能動的志向性による相互主観性）と無意識な相互作用（受動的志向性による間身体性）の働きによって、この存在基盤である場所における拘束条件を自己組織的に生成し、この振る舞いの範囲を絞っていくと意味付けられた時空間である」と定義されている[59]。難解な言葉の定義ではあるが、要は、ウルグアイの当時の状況のような個々の組織や関係者がバラバラであり協力・連携が困難である状況においては、まず同じ「場」に集まり、意見は述べつつもお互いの違いも認識して尊重すること。具体的な流域管理の議論をすることによって共有の知識を創造し、お互いの意向と関心が知れて俯瞰（ふかん）でき、結果として調整と連携を成し遂げていく、そのような場を形成することを狙ったと言い換えることができる。以上のような認識から、当初は確かに困難が

---

58) クルト・レヴィン（1956）「社会科学における場の理論（社会的葛藤の解決と社会科学における場の理論）」による。「グループ・ダイナミクス」としても知られる。

59)「場」の理論については、野中・竹内（1996）をはじめ多くの議論があるが、ここでは、露木（2019）による定義に基づいた。

写真2-1　技術協力プロジェクトの合意に関する協議議事録の署名式の様子。右から環境総局長、住宅土地整備環境省（MVOTMA）大臣、在ウルグアイ日本国大使、筆者

写真2-2　マスメディアがトップ記事でボトニア（Botnia）パルプ工場の係争問題を報じ、並べて第2期のJICA水質管理プロジェクトの開始を報じた

あったものの、粘り強く関係者の参加を呼びかけ、時間はかかってもプロジェクト関係者の結集を図り、第2期協力においてもステアリング・コミッティおよびテクニカル・コミッティで議論を続けていくこととした。

　話は前後するが、2007年11月10日、住宅土地整備環境省（環境総局）とJICA調査団の間で、技術協力プロジェクト（第2期協力）実施計画案は合意に達した。この時期、技術協力プロジェクトの開始は期せずして多くの注目を集め、協議議事録の署名式には多数のマスメディアが取材に集まった（写真2-1）。これは、アルゼンチンとの国境にあるウルグアイ側のウルグアイ河岸（サンタルシア川流域とは異なる水系）に建設されたパルプ製紙工場の操業開始をめぐって、アルゼンチン側から水質汚濁への強い懸念が示され、国際司法裁判所への提訴があり国際的な係争となっていたことによる（BOX③参照）。[60]

　この係争に関して、ウルグアイには水質管理や汚染源管理に関する専門家が少ないのではないか、水質モニタリング能力が不十分ではないかなどといったネガティブな報道がアルゼンチン側から流されていた。こうした批判

60）その後も環境影響上の論争は続いており、Elias Jorge Matta（2009）は衛星写真や汚染負荷データを示して汚染負荷の増大を論じている。国境河川の環境管理の難しさを示している。

に反論するうえでも、本プロジェクトの水質モニタリングや汚染源管理に関する人材育成、技術指導、能力開発支援は大変タイムリーなものとして受け止められ、大臣からはプロジェクトに強い期待をもっている旨スピーチがあり、大々的に報道された（写真2-2）。ウルグアイにとってのいわば「外圧」が、結果として水質管理の能力強化に係る技術協力プロジェクト形成を後押ししたといえるかもしれない。

> ### BOX ③　ウルグアイ河岸のパルプ製紙工場をめぐるアルゼンチンとの係争
>
> 　2004年および2005年に、ウルグアイ政府は、アルゼンチンとウルグアイの国境をなすウルグアイ河のウルグアイ領の河岸に、2つのパルプ製紙工場を建設することを承認していた。これに関して、2006年5月、アルゼンチンがウルグアイ河の水質・環境保全を理由に計画の停止と、同河川の最適かつ合理的な利用のための両国の協力を要求して、ハーグの国際司法裁判所に提訴した。その背景には、パルプ製紙工場のように産業排水の環境負荷が大きいと予想される工場（点汚染源）に関しては厳重な水質管理が必要であり、現状では「越境する環境汚染発生の脅威」がある、というアルゼンチン側の主張があった。この提訴は、対岸のアルゼンチン地域住民の不安を生み、ついには両国の国境ウルグアイ河をまたぐ橋がアルゼンチン側住民によって封鎖されるまでにこじれた。これに対しウルグアイ政府は、2006年11月に橋の一方的封鎖の解除を国際司法裁判所に逆提訴した。このようにして本問題は一触即発の事態にまでなった。国際司法裁判所の裁定では、ウルグアイ側には、両国のウルグアイ河国境に関する合意に基づく環境影響評価情報のアルゼンチンとの共有等で手続的義務違反が認められた。しかし、工場の操業開始以来、同河川の水質や生物資源、生態系に有害な影響や損害を与えたという決定的な証拠

は存在せず、判決では申立はすべて棄却された。ただし、今後工場の操業においてウルグアイ政府は継続的な水質モニタリングによる環境影響の監視を行い、工場は水質基準を遵守する義務を負うこととした。[61]

　この判決の時期は、ちょうど第2期協力の計画を協議していた時期であり、対象流域（サンタルシア川）は異なるが、プロジェクトは多くの注目を集めた。また、JICAによる技術協力の目的が「水質モニタリング・汚染源管理能力の向上」にあるという点で、上記係争解決にあたってのウルグアイ側の今後の遵守事項を実質的にサポートするという意味もあり、第2期協力は、国際係争の緊張緩和にも間接的にある種の役割を果たすことになったといえるかもしれない。

2－3　水質管理のための対処能力向上

（1）漸進的アプローチ

　第2期協力での技術協力プロジェクトの合意後、JICAは5分野（総括／組織・制度のキャパシティ・ディベロップメント、汚染源管理、水質モニタリング、データ解析と評価、ラボ管理および有害物質管理）の専門家からなる専門家チームを派遣した。[62]一方、ウルグアイ側からは、環境総局より延べ22名［局長2名、環境管理部7名、環境評価部10名、環境ラボ3名］がプロジェクトのメンバーとして配置された。これらに加え、中途から上水道や下水処理を管轄する国家衛生公社より出向者2名が配置され、合計24名の体制であった。このうち16名のメンバーが期間中プロジェクト活動に継続的に参加した。

　専門家チームと環境総局のプロジェクト・メンバーは、ステアリング・コミッ

61）獨協大学法学部の一ノ瀬高博（2013）の判例紹介を筆者要約。
62）日本工営株式会社の専門家チーム（総括・奥田到）。

ティでの調整と合意形成を重視し、常に関係者の合意をもとに一歩一歩プロジェクトを推進するというプロジェクト運営の基本方針を改めて確認し、プロジェクト前半期（2008-2009年）の1年半の期間にプロジェクト会議が148回以上開催され、延べ1,091名以上が出席した。また、日本や諸外国の水質管理や流域管理に関する事例や技術紹介、技術移転を目的とした水質管理セミナーが計4回開催され、延べ146名が受講した[63]。これらに加えて環境総局とJICA専門家チームによる非公式な会議や環境総局内部のプロジェクト活動のための打合せが多数実施された。だが、会議とはいえ、ウルグアイ側に確たる意見や案が常にあったわけではなく、お互い手探りの意見交換や話し合いの場合が多々あり、一見非効率な匍匐前進のようなやり方だった、とJICA専門家チームは報告している。環境総局や関係機関のカウンターパートや関係者の主体性をあくまで尊重し、現地での創意工夫を引き出し、協働でプロジェクト運営を行うという基本方針に基づくものであった。

　本来「プロジェクト」とは、限られた期間に限られた投入を行いその結果として設定した目標を達成することにある。関係者とひたすら協議と意見交換を行い、計画案が何度も練り直され活動がなかなか軌道に乗らないことに対し、JICAや専門家チームがいささか焦りを感じたのも否めない事実だった（BOX④参照）。しかし、こうして何度も繰り返された協議の蓄積によって、技術協力プロジェクトの根幹である協働が培われ、具体的なプロジェクトの活動計画を決めて活動が開始され、環境総局内の部局間協力、環境総局と関係省庁の間の情報交換と協力連携は次第に向上していき、地方行政（県）との間の協力連携の機運も少しずつ広がっていった。

　第2期協力の専門家チームの動向を現地で心配しつつ見守っていた

63）プロジェクト中間レビュー調査報告書（JICA, 2009）。

JICAウルグアイ支所の廣井なおみは述べる。『第1期協力で環境総局が感じていた懸念は環境総局側から第2期協力の専門家チームにも伝えられていましたが、専門家チームはこうした懸念に応えるべく、とにかくどんな事でも相談して環境総局とのコミュニケーションの確立を大変重視されていたと思います。時間はかかりましたが、環境総局側とJICA専門家チームの間は次第にうちとけていったようで、その様子を見て安心したことを記憶しています』

BOX ④ | ## プロジェクトにおける
コミュニケーションの重要性

　第2期協力プロジェクト開始当時、環境総局側は専門家チームがウルグアイ側の意向を充分考慮せず勝手に活動を推進することを非常に警戒したことから、本プロジェクトではウルグアイ側とのコミュニケーションを重視するように心がけ、議事録を残した主要な会議だけで3年間に100回以上開催し、すべての主要な意思決定・活動にウルグアイ側関係者を巻き込むようにした（写真）。特にプロジェクト開始時には、半年近くかけて専らプロジェクト活動に関する協議を行い、アクション・プランを一緒に策定することで彼らの期待する活動ができるように配慮した。もともとウルグアイ側は高い能力があったが、このような配慮をした結果、ウルグアイ側の高い主体性を引き出すことに成功した。各種プレゼンテーションは環境総局職員が中心になって行い、報告書作成にも可能な限り積極的に関わってもらい、最終的には本プロジェクトを通し

環境総局とJICA専門家チームの会議の状況

て報告書以上の多くのものが残ることになった。もちろんこの協働作業には以下に述べるさまざまな課題も存在した。

- 専門家チームのペースで活動をコントロールできないため、一部の活動（例、共同モニタリング、共同インスペクションなど）は当初の予定よりかなり遅れることになった。しかし、彼らが自ら手を動かさない限り彼らがプロジェクトから得るものが少なくなることから、極力彼らの参加を中心にした活動を展開した。

- 特にレポート作成については、環境総局の職員が慣れていないこともあり、膨大な時間がかかった。必ずしも期待しているものができてくるわけではないが、何度も改善の打合せをし、最後はプロジェクトの成果としてきちんと認めるようにした。

- コミュニケーションはウルグアイ側と専門家チームの対話という形式ではなく、ウルグアイ側の協議に専門家チームが参加する形になることが多く、言葉のギャップも大きかった。

- ウルグアイ側を活動に巻き込むことで、意思決定に際し彼らの組織内のポリティックス・利害対立の影響を受けることが頻繁にあった。このような場合は、JICA専門家としては常に中立的な立場をとりながら、ウルグアイ側による問題解決を推進するように働きかけることによって状況の改善を図った。

このような協働作業のマイナス面のコントロールは非常に難しく、短時間ではうまくいかないことも多かったが、専門家チームが第三者としての役割を担うことで意思決定が促進されることも多く、それぞれの問題について誰が意思決定に参加すれば後戻りのない意思決定が可能かについて共通理解が進み、協力開始2年目以降はスムーズなコミュニケーションを取ることができたように感じる。

（JICA専門家チーム（総括・奥田到）、業務完了報告書（2011年）より抜粋）

（2）中間レビュー

　このようにして漸進的に進められてきた技術協力プロジェクトの中間段階（2009年10月）におけるプロジェクトの進捗状況調査（中間レビュー調査と呼ぶ）では、以下に示すような4つの具体的な成果および進捗が確認された。

1）水質モニタリング情報が集約され総合評価が可能に

　これまで関係各省庁・機関で分散していた河川水質に関するデータの相当部分が一元的に集約・デジタル情報化され、総合的な水質汚濁状況の解析が可能になった。集約されたデータは多変量指数化手法に基づき総合解析され、サンタルシア川の水質に関する総合的評価がなされるようになった。また、総合評価結果に基づき、水質モニタリング計画へのフィードバックが行われ、水質モニタリング計画の更新・適正化が行われるようになった。適応型マネジメントの導入である。環境総局の水質モニタリング能力と総合評価能力の強化の重要な一部分をなすもので、32地点14水質パラメーターの隔月モニタリング体制が確立された（図2-3）。

図2-3　サンタルシア流域定期水質モニタリング地点図（JICA,2011）
地点名は、支流名の略号

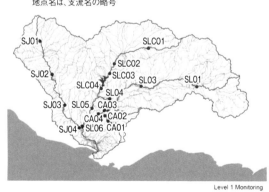

Level 1 Monitoring

2）水質汚染源に関する総合解析能力の強化

　環境総局による汚染源情報の集約が進み、86カ所に及ぶ点汚染源データがインベントリーとしてのみならず地理情報システム（GIS）上にデジタル情報化され、前述の河川水質情報と同一の平面で総合的に検討することが可能となった。汚染源負荷と河川水質汚染の相互関係が個別的に検討できるようになり、汚染負荷マップが作成された（図2-4）。この中で、生物化学的酸素要求量（BOD）、全リン、全窒素に着目した負荷量解析とそれに基づく対策立案が具体的になされるようになった。また、面汚染源の解析に着手し、全窒素および全リンの汚濁負荷量に関し、サンタルシア川への総負荷の70～80％が面汚染源由来であるとの推計がなされた。面汚染源に関するこうした認識の深まりは、まだ初歩的であるとはいえ、当初の想定を超えるものである。これらの成果は、流域単位の水質汚染を総合評価するうえで欠くことのできない情報であり、流域管理の技術的能力向上といえ、環境総局の総合解析能力と汚染源管理能力の強化に向けて重要な前進である。

図2-4　汚染負荷マップ（カネロネス県の富栄養化に関するモニタリング結果（JICA,2011））

3）水質情報システムの構築と稼働

　河川水質および汚染源データのデジタル情報化の基盤として、GIS上に環境情報を統合するシステム（SIA）の構築が完了した。これは、水質管理を「汚染」と「環境」の両側面から統一的・総合的に検討することを可能にするツールであり、環境総局という環境行政機関の立場からいうならば、環境管理推進ツールを確立し得たことを意味する。それは、図2-5の日本の河川流域の水質管理行政の調査対策フローが示すように、モニタリングで汚染が確認された場合（基本調査）、汚染範囲を絞り込み（詳細調査）、汚染源を調査し（特定調査）、汚染対策を講じる（対策調査）、という4段階の水質管理を可能とするものである（図2-5）[64]。本システムは第1期協力時において試行された水質情報データベースを進化させ、インターネット上で市民が情報にアクセスすることも可能にするものである。SIA[65]

図2-5　河川流域の水質汚濁解析に必要な段階的な水質調査とその目的

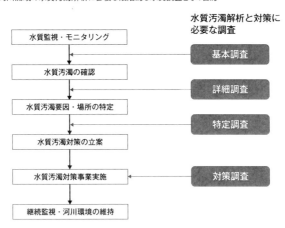

64）まさにこの4段階の水質管理調査手法が、後述（第3章）の「第3期協力」における水銀汚染の発見・調査・対策に生かされた。
65）国土交通省「河川水質調査要領」（2005）を改変。https://www.mlit.go.jp/river/shishin_guideline/kasen/suishitsu/youryou.html

はこの時点では主要骨格部分が構築されたばかりだが、今後は水質モニタリング情報や汚染源情報といった事実情報のみならず環境管理計画や開発計画といったプランニング面の情報をも統合していく。また、データベース（SIA）を地方行政と共有することにより、流域水質環境管理への地方自治体・コミュニティ・市民参加を促進する役割も期待される。これらの成果は環境総局の総合的な情報処理能力の強化に向けた極めて重要な前進である。

　「技術面」の能力向上ともいえる以上の3つの成果［1）、2）、3）］は、環境総局のカウンターパート（各担当職員）が合同中間レビュー成果報告会で自ら発表したものであり、この時点での環境総局の専門人材の成長と強いオーナーシップを示すものであった。

4）関係部局・機関の連携と協力が進む

　第4の成果は、組織・制度面での成果である。もともと環境総局における河川水環境管理行政の実施体制は、大きく分けて一般環境モニタリングと水質評価の側面からアプローチする環境評価部と、河川に対する汚染源の査察と管理・指導の側面からアプローチする環境管理部の2部局体制によって担われていた。実効的な河川環境管理を実現するためには、環境総局部内の両部局の緊密な連携と協力が必須であることは論を待たないが、加えて、ウルグアイにおいて環境総局以外の組織によって得られるさまざまな河川情報と汚染源情報を集約することも必要であった。しかし、これまで、両部局の連携と協力は十分ではなく、かつ、流域水質管理に必要な河川基礎情報や下水処理施設情報、農牧業の情報は他省庁の管轄下にあり、データベース（SIA）が構築されるまでは、環境総局がその情報にアクセスすることすら困難であった。また、地方（県）レベルでは独自の水質管理が部分的になされてきていたが、こうした地方の活動と環境総局などの中央政府の活動の連携もこれまで十分ではなかった。しかし、現

場レベルの共同作業や環境総局と地方行政の水質管理部局との連携による合同モニタリングなどから、次第に部局間協力の機運が生まれてきた。

　専門家チームのチーフ・アドバイザーだった奥田到は言う。『写真2-3, 2-4は、食肉工場の排水の査察と調査の様子を撮影したものですが、サンプリングを行っている職員が二種の異なるユニフォームを着ているのがわかるでしょう？これは環境総局とモンテヴィデオ県産業排水課が合同で立ち入り調査を行った風景です。小さなことではありますが、環境総局（中央政府）とモンテヴィデオ県（地方行政）が協力連携して汚染源を査察し水質管理を行うという意味で、流域水質管理に向けての大きな一歩だったのではないかと思います』

　第2期協力は、サンタルシア川流域全体を対象地域として視野に入れ、ステアリング・コミッティを通じて具体的な活動を繰り返し実行し、データや情報を共有することにより、環境総局内部の環境評価部と環境管理部の連携が進んだ。関係省庁との間でも、国家上下水道総局、国家衛生公社、農牧省といった中央政府の省庁・機関との水質情報の交換と水質管理に関する協働も促進されたことは、流域管理の方向を具体的に推進するため

写真2-3　環境総局職員とモンテヴィデオ県産業排水課職員による食肉工場への合同立ち入り検査の状況
（出典：JICA, 2009「中間レビュー報告書」）

写真2-4　食肉工場の廃水処理施設での合同立ち入り検査での水試料のサンプリングと水質モニタリング
（出典：JICA, 2009「中間レビュー報告書」）

の省庁間連携を促進していくうえで特筆すべき成果であったと考えられる。しかし、地方（県）行政との関係では、十分には連携できていないという問題を残しており、プロジェクト後半期の課題として残された。

　第2期協力プロジェクトの開始に向け難航した詳細計画策定調査を思い起こすにつけ、中間レビューで大きな変化を目の当たりにし、心底ほっとしたことを今でも鮮明に覚えている。

２－４　環境総局のキャパシティ・ディベロップメント

　第2期の技術協力の経験と成果に基づき、環境総局の組織としての対処能力向上または能力開発（キャパシティ・ディベロップメント[66]）について考えてみた場合（BOX⑤参照）、「テクニカル・キャパシティ」と「コア・キャパシティ[67]」は、かなりの程度存在し発展してきていることが確認できた。しかし、プロジェクト実施機関である環境総局だけでは対処能力強化が困難な「環境基盤」には多くの制約が認められた。すなわち、地方行政などのステークホルダーとの連携に課題を残しており、つまるところ制度・社会システムを含む「環境基盤」の改善や変革が求められており、これらの課題に焦点を当てた協力をプロジェクト後半期には強化する必要があることを示した。ここで、統合的流域水質管理あるいは統合的流域管理を確立するために求められる包括的な（個人、組織、制度、社会のレベルの）キャパシティ・ディベロップメントの課題について整理すると以下のようになる。

①**技術的な知識とスキル**：これには、河川流域の水文学、水圏と地圏の相互作用、気候に関する基本的な知識や、当該流域での人間のさまざまな活動の影響の理解が含まれる。また、調査、モニタリング、データ

---

66) UNDP（1997）以来さまざまな理論的枠組みが提唱されているが、本書では JICA（2006b）に基づく。

67) テクニカル・キャパシティ（technical capacity）、コア・キャパシティ（core capacity），環境基盤（enabling environment）によるキャパシティ・アセスメントの詳細については、JICA（2008a）を参照されたい。

分析、統計解析、シミュレーション、予測および評価、設計に関する技術的スキルも必要となる。これらは「個人のレベル」および「組織のレベル」の能力開発課題である。

②**計画策定と意思決定のスキル**：統合的流域水質管理においては、多様な要素と利害関係者を考慮して総合的な意思決定を行うことが求められる。戦略計画策定、政策立案、紛争解決、参加型運営、調整、交渉、合意形成のスキルが不可欠となる。これらは、主として「組織のレベル」の能力開発課題である。

③**制度設計能力**：統合的流域水質管理においては、さまざまなセクター（農牧水産業、鉱工業、商業、都市開発、交通など）、多様な管轄区域（都市と農村、地方と国、越境など）、および水資源利用の在り方について調整することが必要である。そのため、既存の機関や制度の強化、あるいは新しい機関や制度の創設、効果的な法制度・規制・基準の開発、関係機関の間の協力と調整の促進が必要となる。これらは「制度のレベル」の能力開発課題である。

④**適応型マネジメント能力**：河川流域における水や環境は自然現象として大きく左右される。このことを考慮すると、統合的流域水質管理には適応型マネジメントが求められ、状況の変化に柔軟に対応できる必要がある。このため、計画 − 実施 − 評価 − 改訂のマネジメント・サイクルを確立し、モニタリングと評価分析のスキルを向上させ、イノベーションの促進、災害や脅威に直面したときの回復力（レジリエンス）の構築が必要となる。これは主として「組織のレベル」の能力開発課題である。

⑤**財政財務能力**：流域管理プログラムおよびプロジェクトの実施には、多くの場合、多額の投資や実行資金が必要となる。能力開発には、財務管理スキルの強化、資金調達メカニズムの検討、さまざまなリソースの動員の能力が含まれる。これは「組織および制度のレベル」の能力開発課題である。

⑥**住民参加と利害関係者の関与**：統合的流域管理では、地域住民、産業界、農牧業界、環境団体、行政などの利害関係者が参加する必要がある。これらの利害関係者を広く結集して調整し、連携を促進し、参加型の意思決定のための能力の構築、水資源と統合的流域管理の重要性についての意識の啓発を進めることが含まれる。これは「制度および社会のレベル」の能力開発課題である。

⑦**パートナーシップ**：統合的流域管理では、地域社会のみならず、流域の外の幅広い関係者（産業界、政府、他地方、NGOs、学界・研究機関、国際機関など）との関係構築、幅広いパートナーの参加も必要となる。こうしたパートナーシップの構築、協力促進、情報交換ネットワークの育成が「社会のレベル」の能力開発課題である。

　第2期の技術協力プロジェクトでは、サンタルシア川流域の水質・汚染源管理という具体的な問題解決の推進を通じて、環境総局の人的資源の開発、政策・組織・制度の改善を支援してきた。この「問題解決型アプローチ」は、環境総局のテクニカル・キャパシティとコア・キャパシティを強化するうえで有効であったと考えられ、その後、環境総局は水質管理情報の集約と水質管理事業実施の中核的組織としての位置を確立していった。

　また、本プロジェクトを契機として、中央政府の関係省庁等の多様なステークホルダーが問題解決のため結集を始め、少しずつ環境基盤の変革もなされていった。しかし、効果的で効率的な水質管理・汚染源管理の実現のためには、中央省庁のみならず地方（県）行政組織の積極的な関与とそれを可能にする政策と制度の充実が求められていることはいうまでもない。それまでの分散的な水質管理から流域単位への管理へ転換していくこと、言葉を換えれば統合的流域水質管理のための関係諸機関や、社会の自己組織性[68]を活性化していくことが必要であった。

68）自己組織性とは、システムが環境との相互作用を営みつつ、自らの手で自らの構造を変えていく性質を総称する概念である（野中,1986; 徳安,1988; 今田,1992; 庭本,1994などによる）。

2005 年以来JICAウルグアイ支所の現地所員として流域管理に関する国際協力の推移を見続けてきた廣井なおみは、ウルグアイ国内の各地方が流域管理になかなか結集しない当時の情況を以下のように回想する。『理屈では多くの人が流域委員会や水質協議会の意義を理解していても、それまで各々の地域や機関で権限を持ってやってきたことを一度に統合しようとしても、なかなかうまくいかないのです。ウルグアイ人の国民性というのでしょうか... 時間がかかるのです』

BOX ⑤　キャパシティ・ディベロップメントとは？

　キャパシティ・ディベロップメント（CD）の理論は、開発協力事業をより効果的かつ効率的に計画し実行するための理論的枠組みとして生まれた。ここで言う「キャパシティ」（課題対処能力）とは、何らかの開発課題に関して「問題を同定し解決の方向を見出す力」「目標を設定し課題を達成していく力」を指し、CDとは「課題対処能力が、個人、組織、制度・社会システムなどの複数のレベルの総体として向上していくプロセス[69]」であると定義される（図参照）。このため開発援助の文脈では、開発途上国自身が主体となって複数のレベルで包括的にCDに取り組んでいくことが重要となる。要すれば開発課題の解決には、単に開発途上国の個々人の能力が向上するだけではなく、行政機関や民間企業などの組織や技術、法制度や規則規範、そして社会全体の総合力が向上することが必要であり、そのような包括的な対処によってはじめて持続可能な開発が実現される。開発援助にあたっては、一面的な「ハード」の支援（例えば、技術やインフラの導入のみに偏った援助）を避け、人材、組織、制度・社会システムといったいわゆる「ソフト」の課題をも総合的に捉えて支援・協力することが求められる。

---

69) JICA（2006b）の定義。

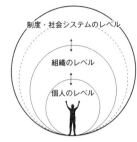

制度・社会システムのレベル
制度：法制度、基準、ガイドライン、市民的権利（基本的人権、言論出版の自由、民主主義）、社会規範
社会システム：産業、経済、市場、社会インフラ、教育、政治、ガバナンス、参加、社会的関心
組織のレベル
組織体制、マネジメント、財政・財源、知的資産（計画、情報）、物的、資産（施設機材等）、人的資産
個人のレベル
個人の能力、知識、言語能力、技術、技能、熟練度、知恵、意思、責任感

課題対処能力（キャパシティ）の包括性の概念図 　　　　　（JICA, 2006bをもとに筆者作成）

　環境総局のような環境管理行政を主管する公的機関をめぐるCDを考える場合、キャパシティの包括性と共に、その機関が果たすべき役割と要求される能力向上を考慮する必要があり、テクニカル・キャパシティ、コア・キャパシティ、環境基盤という横断的視点で捉えることも有効である。「テクニカル・キャパシティ」とは特定の知識、技能等を指し、「コア・キャパシティ」とはテクニカル・キャパシティを活用して課題を主体的に解決する意思、姿勢、マネジメント能力、リーダーシップ等を含む。コア・キャパシティとテクニカル・キャパシティは組織のレベルと個人のレベルのキャパシティに担われる。一方「環境基盤」とは、組織がその能力を発揮し成果を生むことを可能にする諸条件を意味し、制度・社会システムのレベルのキャパシティにほぼ対応する。この横断的視点においても包括性が重要であり、コア・キャパシティが不十分であるとテクニカル・キャパシティも必要十分なレベルまで至ることはなく、一方、テクニカル・キャパシティとコア・キャパシティの両者が備わっていても、環境基盤が不十分だと成果の発現は制約される。包括性とはこのような相互関係をも意味する。

　以上のように、CDの取り組みにおいては、多様なレベルの包括性と共に、実践的な主体性が求められる。

2－5　連動する米州開発銀行の借款事業

　第2期の技術協力プロジェクトと並行してウルグアイ政府は、米州開発銀行（IDB）との「プロジェクト借款」を進めた。プロジェクト借款とは、商業ベースにはなじまない開発途上国のインフラ整備プロジェクトの資金を国際間の長期低利の融資（途上国への貸付）を原資として実施することであり、環境総局に関係するIDBプロジェクトとして、固形廃棄物管理プロジェクト（約8億円）および国家環境情報システムプロジェクト（約7億円）が措置された。固形廃棄物管理プロジェクトは、流域水質管理においては不適切な廃棄物の処理や投棄による汚染（写真1-10参照）を削減するうえで重要な意味を持っており、また、国家環境情報システムプロジェクトは、統合的流域管理を実現するうえでの基本的な環境管理・情報管理インフラを整備する課題に対応するものである。これは水質管理データベースの構築のための情報処理インフラ、環境化学分析・水質分析のための分析研究所の建設、などに直接貢献するものであった。

　いわば、ウルグアイにおける環境管理・水質管理の能力強化のために、IDBプロジェクトがハード面（施設、機材などの形のある要素を示す）の強化、JICAの第2期協力がソフト面（人材や技術、考え方、方法、情報などの形のない要素を示す）の強化を担当し、両者が総合的に支援したプログラムであったといえる。実際、JICAプロジェクトでの環境総局の中核的カウンターパートの多くがIDBプロジェクトのカウンターパートを兼任しており、両プロジェクトの情報交換はおのずと緊密になった。

　当時JICAプロジェクトとIDBプロジェクトの違いについて環境総局のカウンターパートに問うたところ、異口同音に次のように述べた。『IDBプロジェクトは借款ということもあり、施設機材整備に加えて職員の人件費を手当てできるので、当時人材不足であった環境総局の人材強化に役立ちました。一方JICAプロ

ジェクトでは、人件費は認められないのが厳しかったですが、専門家が現地に比較的長期間張り付いて情報を提供し技術指導や協働をしてくれるので、個別技術の能力強化に役立ちました』

2－6　第2期協力プロジェクトは目標を達成したか？

　第2期の技術協力プロジェクトの終了を4カ月後に控えた2010年11月、プロジェクト評価（「終了時評価」と呼ばれた）がJICAと環境総局の合同評価方式によってなされた。中間レビューと同様、客観的な事実に基づいて環境総局とJICAが対等の立場で話し合い評価することが目指された。筆者も終了時評価調査団として合同評価に参加したが、中間レビュー時と比べて、量的にも質的にもサンタルシア川流域の水質管理事業は著しい進歩を遂げたことを思い出す。JICA専門家チームと環境総局のメンバーの間では、円滑なコミュニケーションがなされている様子がうかがえた。

　まず、プロジェクト活動の実施によって得られた成果と今後の課題について、環境総局とJICAが合同で行った終了時評価の結果の概要を、プロジェクト・デザインでの6つのアウトプットに沿って述べ、プロジェクト目標・上位目標の達成状況について述べる。

（1）環境総局の汚染源管理および水質管理体制が強化された

　環境総局内の2部署（環境管理部および環境評価部）間の情報共有と、水質モニタリングにおける連携と協働は一層強化された。しかし、環境分析研究所と環境総局との関係については、IDBプロジェクトの支援でラボが新設され自前の環境分析対応能力が飛躍的に強化されたが、依然として「サービス提供者」と「クライアント」の関係であった。サンプルの分析結果が届けられるまでに時間がかかり、分析結果に基づくタイムリーなエンフォースメントや行政指導には今一歩の改善が必要との課題も指摘された。このことから、環境総局全体のマネジメントには改善の余地が残さ

れた。

（2）関係省庁・機関の協調体制が確立した

　第2期協力プロジェクトの実施により、環境総局の汚染源管理・水質管理に係る関係省庁との協調体制は著しく向上した。特に農薬汚染、面汚染源、水質モニタリング等のテーマに関し中央政府関係省庁との対話が進められ、これら省庁との協調体制を築く土台となった。国家衛生公社（OSE）との関係強化のもと、双方のデータベースにアクセスが可能となり、水質や水質汚染の問題についての情報交換が組織レベルで常時なされるようになり、データベースは統合される段階にまで発展した。こうした関係省庁との調整と連携の広がりは、河川水質管理に関するさまざまな中央政府関係省庁の行政実務を効果的かつ効率的なものとした（表2-1参照）。

　一方、地方行政（県）との連携に関しては、対象5県との連携が行われており、第2期協力プロジェクトの実施により、ある程度自力で水質モニタリングを含む水質管理業務に対処できる首都圏の2県（モンテヴィデオおよびカネロネス）と、環境総局の支援のもとで水質管理に対処できる3県に二極化が進んだが、全体としてサンタルシア川流域のほぼすべての県に水質モニタリングを含む水質管理実施体制が確立した（表2-2）。

表2-1　環境総局と中央政府関係省庁との河川水質管理に関わる調整と連携の広がり

管轄省庁	機関名	水質および汚染源管理に関する事項	調整と連携の広がり
住宅土地整備環境省	国家上下水道総局	水文データ、給水と下水処理の政策水利用（表流水と地下水）政策	環境総局との組織レベルの連携戦略策定、流域委員会形成
住宅土地整備環境省	国家衛生公社	上水道（表流水と地下水）給水・下水処理・排水処理の実施	プロジェクトを通じて情報共有が進展し、データベース統合化へ
農牧省	天然資源局	土地利用、土壌侵食、灌漑用水の利用	面汚染源と関連する情報の共有
農牧省	農業サービス総局	農薬の利用状況	農薬による水質汚染の情報共有

表2-2　河川水質管理に係るサンタルシア川流域の地方行政（県）間の協力、または県と中央政府（環境
　　　　総局または国家衛生公社）との間の連携状況

地方行政（県）	水質モニタリング・汚染源管理などの水質管理活動の実施状況
モンテヴィデオ県	県独自に水質モニタリングおよび汚染源管理プログラムを有し、活動を展開している。また、全国の地方行政（県）の中で唯一、下水道サービスを主管している。なお、他の県は国家衛生公社が主管している。
カネロネス県	第2期プロジェクトの結果、水質モニタリングを開始した。この活動はモンテヴィデオ県との合意に基づき同県と共同実施。
ラバジェハ県	ラバジェハ、フロリダ、サンホセの3県は、県レベルでの独自の水質モニタリング活動は実施しておらず、中央政府（環境総局）と合同で水質モニタリングを実施している。
フロリダ県	
サンホセ県	

　新たに流域における農薬の使用状況に関して情報交換が進み、農薬による水質汚染のモニタリングの結果、モンテヴィデオの水源で2009年以降除草剤アトラジンが検出されていることが明らかとなり、農牧省と住宅土地整備環境省の関係部局の共同会議が開催され、アトラジンの利用状況、環境濃度と降雨などの影響、アトラジン禁止の可能性、代替農薬の可能性、生態系影響などについてさまざまな意見交換がなされた[70]。なお、ウルグアイにおける農薬の分析、適正管理と利用については、2008年からウルグアイ農牧水産省農業サービス局・ウルグアイ国立農牧研究所と日本の農林水産省・独立行政法人農林水産消費安全技術センターの専門家の間でJICA技術協力が進んでおり、農薬による水質汚染の把握と評価に役立てられた[71]。

　2010年7月には、憲法改正を受けて設置された国家上下水道総局が、憲法規定（流域単位の水資源管理）に基づき、「サンタルシア川流域委員会」発足に向けた正式な会議を開催し、サンタルシア川に関わる具体的情報や、各機関の役割などを協議した。また、サンタルシア川流域委員会

---

70) アトラジン（Atrazine）は除草剤として広く利用されてきたが、内分泌攪乱物質の可能性がある（Singh et al., 2018）。なお、EU では使用が禁止されている。

71) JICA（2008b）「ウルグアイ東方共和国農薬登録プロセス強化に向けた環境評価システムの構築支援プロジェクト実施協議・事前調査報告書」（JICA 農村開発部）。

の組織化に先駆け、関連機関との連携が比較的限定できる小規模沿岸ラグーン[72]の流域委員会を試行的に発足させ、この経験をもとにサンタルシア川流域委員会を発足させることとした。プロジェクトの終了時点ではサンタルシア川流域委員会結成を実現することはできなかったが、「漸進的アプローチで必ず実現する」との環境総局の強い意向を確認し、流域委員会によるサンタルシア川の統合的流域管理の実現に向けて具体的な一歩を踏み出した。

　専門家チーム総括の奥田到は言う。『流域委員会の組織化について、JICA専門家チームとしては、そのことを議論する「場」を用意するだけで、ウルグアイ内部にいろいろな議論があってもあくまで中立の立場で接し、基本的には環境総局やウルグアイ側の調整に任せました。流域委員会の組織化自体はあくまで相手国の内部プロセスであり、その意思決定に基づかなければ長続きしないと考えたからです。時間はかかっても必ず彼ら彼女らはやるだろうと思いました』

(3) 河川水質モニタリング能力が強化された

　排水に含まれる富栄養化要因物質のモニタリングが重要課題の1つとして認識され、工場排水モニタリングのモニタリング項目に新たにこの項目が追加された。さらに2009年にはサンタルシア川流域水質モニタリング計画が改定された。環境総局はラバジェハ県、フロリダ県、サンホセ県と合同水質モニタリングを実施し、レベル4（潜在的な汚染スポットの上流と下流に位置する観測ポイントを指す）での水質モニタリングが国家衛生公社や民間企業の協力の下で実施された。環境総局スタッフの個人レベルにおける水質モニタリング能力の強化は、環境総局の組織全体として取り組む水質

---

72) 大西洋沿岸のソース湖（Laguna del Sauce）で、$50km^2$の淡水湖流域であり、飲用水源として利用されている。

モニタリング活動自体の強化につながった。全体として632カ所の観測ポイントから水サンプルが採取され、19分析項目の水質分析が自律的になされるようになり、水質モニタリングの能力が強化された。

（4）汚染源管理に関する能力が強化された

　流域の点汚染源一覧表（インベントリー）が作成更新され、新たな項目や排水分析データを追加したデータベースが構築された。データベースを用いた汚濁負荷解析（BOD、全窒素、全リン の環境負荷）が実施され、点汚染源および面汚染源の双方の水質汚濁メカニズムのシミュレーションが新たに実施された。この手法の導入により今後サンタルシア川流域内の異なる汚染源の汚濁に対する寄与度の予測が可能となった。また、面汚染源の包括的な定量的解析が可能になり、面汚染源の水質汚濁全体に占める割合が定量化された。プロジェクト開始前においてもある程度の面汚染源のデータ蓄積がなされていたが、それらの十分な分析や評価はなされてこなかった。しかし、第2期協力でのデータ解析の能力強化に基づき、面汚染源・点汚染源それぞれの重要性がデータの裏づけとともに理解されるようになった。

写真2-5　プロジェクトの活動評価を議論する合同
　　　　　評価委員会の様子　　　　　（筆者撮影）

写真2-6　プロジェクトの成果に関する環境総局の
　　　　　担当メンバーの発表の様子（筆者撮影）

（5）査察・評価・指導能力が強化された

　排水中の汚染物質の濃度や汚濁負荷の情報が整理、分析され、汚染源管理における課題が明確にされるとともに、環境総局は汚染源管理の優先順位をより深く認識することができるようになった。例えば、プロジェクトにより対象地域内の汚濁負荷（BOD、全窒素、全リン）全体の約8割が面汚染源によるものであることが明らかにされた。さらに、食肉産業における点汚染源の査察および改善に関するパイロット・スタディが実施されて、特定産業の環境管理状況の診断や排水処理システム改善が検討され、ガイドラインとしてとりまとめられた。「汚染源管理戦略」を最終化し全体の汚染源対処の枠組みが見直され、汚染源の規模や特長に基づいて分類した汚染「レベル」（レベル1から3まであり、数字が大きくなるほど大規模で複雑な水質汚染となる）に応じた対処法を作成した。レベル1では環境総局が実施、レベル2では環境総局が国家衛生公社、農牧省などと共同で実施、レベル3では流域管理委員会により実施とすることとした。そして、レベル1では報告書作成の改善、指標によるパフォーマンスの管理、環境プライオリティの検討、コンプライアンスの改善を、レベル2では下水道整備の推進と点汚染源対策の推進を進め、さらにレベル3ではこれらを流域委員会の枠組み、および環境キャビネット（住宅土地整備環境省の環境関係局長会議）が検討を進めている国家環境システム（環境管理の地方分権化なども含む）の枠組みのもとで、より包括的に取り組むものとすることになった。第2期協力プロジェクトで検討されてきたサンタルシア川流域の水質汚染対策を「国家環境管理改善5カ年計画[73]（2010-2014）」に組み込んで、国の年次計画として実施することになった。

73）DINAMA（2010）National Water Plan（NWP）https//www.Opengov partnership.org/
　　stories/Uruguay-national-water-plan/

（6）汚染源／水質総合情報管理システムが完成した

サンタルシア川流域の水質および汚染源に関するすべての基礎データを網羅する水質管理データベースが新たに構築された。水質管理に係る関係機関との情報共有がアクセス権限に応じてなされ、代表的な情報は環境総局のウェブサイトを通じて一般公開された。すべての流域自治体にはネットワークへのアクセス機器が整備され、環境総局は、全国19県向けにデータベース・システムの使用方法に関する研修を開催した。このように、データベースについてもサンタルシア川流域という個別の流域管理レベルからより普遍的なものに拡張していった。汚染源への査察として、2009年には180カ所の廃水排出認可（SADI）[74]対象事業所への視察が実施され、このうち45事業所がサンタルシア川流域に位置している。さらに、2009年12月にはSADI対象事業所に対する年次環境レポート提出制度の導入により、企業の自主環境管理（水質管理）システムが一層強化された。

2－7　第2期協力目標をほぼ達成しつつも課題を残す

第2期協力のプロジェクト目標として、「環境総局および関係機関のサンタルシア川流域の汚染源管理／水質管理能力が強化される」を掲げていた。その達成度評価の指標として次の5点が設定されていた。1）汚染源管理システム・体制改善のためのアクション・プラン実施状況、2）環境総局および関連機関における協調体制の活用状況、3）環境総局および関連機関における情報共有状況、4）汚染源データの管理状況、5）汚染源への指導（査察や行政指導）である。基本的にすべての指標においてもプロジェクト目標は達成していると評価された。

また、上位目標として、「1 サンタルシア川流域の水質改善のための施策が実行される」「2 環境総局が中心となって、他の流域においても環境管

74）産業廃水を河川等の公共水域に排出する事業所は、産業排水許可制度（Sistema de Autorización de Desagüe Industrial; SADI）に基づき許認可を申請しなければならない。

理の改善促進のための、汚染源管理／水質管理に係るプログラムやプロジェクトの協調が促進される」が掲げられていた。上位目標はプロジェクト終了後3〜5年の時点での達成を目指すが、終了時評価時点でもすでに達成の可能性は高いと評価された。しかし、流域委員会の設立については引き続き国家上下水道総局の下で調整を進めるとされ、今後の課題として残されたのだった。

　終了時合同評価調査に参加した当時JICA地球環境部担当職員であった伊藤民平は、その時のことをよく覚えているという。『終了時評価報告書が環境総局とJICAの間で合意され署名交換された後、職員執務室に行くと、プロジェクトで中心的役割を果たしたプロジェクト・マネージャーの職員が涙ぐんでおられ、周りの職員の方が肩をたたいてよくやったよ、という感じの雰囲気が出ていて、じーんとしました。これを見て、ああ良い協力をされたのだな、と思いました。課題が残されているとはいえ、プロジェクトのカウンターパートの皆さんにとっては、力を出し切り満足のいく結果だったのでしょう』

第3章

流域ガバナンスと水質管理

　2010年に第2期の技術協力が終了し、河川流域の水質管理について南米諸国を対象とした国際セミナー（第三国研修）の開催を企画する段階となった。前章で見たように、プロジェクトを通じて、また環境総局をはじめとするウルグアイ政府関係機関の努力で、サンタルシア川流域の水質管理は著しく進んだ。同様の状況にある南米の近隣諸国にこの事例を普及することは、南米大陸の全般的な河川流域環境の改善のために最も効果的で効率的と考えたからだ。そのテーマは水質管理、河川水環境管理、そして流域ガバナンスであった。

　ここで改めて流域ガバナンスについて考えてみたい。ウルグアイにとって、統合的流域管理あるいは水質管理という概念に含まれている革新的な要素を簡潔に表現するならば、流域に関する「新しいガバナンス様式」の確立だということになるだろう。それは2004年の憲法改正によって示された民意に基づくものであり、水理的な流域を基本単位とし、政府関係省庁・地方行政・公社、市民社会、水資源の利用者・事業者の三者から構成される「流域委員会」による参加型のガバナンス・システムが期待される（図3-1）。この流域委員会の目的は、河川流域の水資源の管理と計画をサポートする諮問、審議、提言を行うことと、政令258号（2013）で定められて

図3-1　ウルグアイにおける河川流域委員会の基本構造（政令258号に基づき筆者編図）

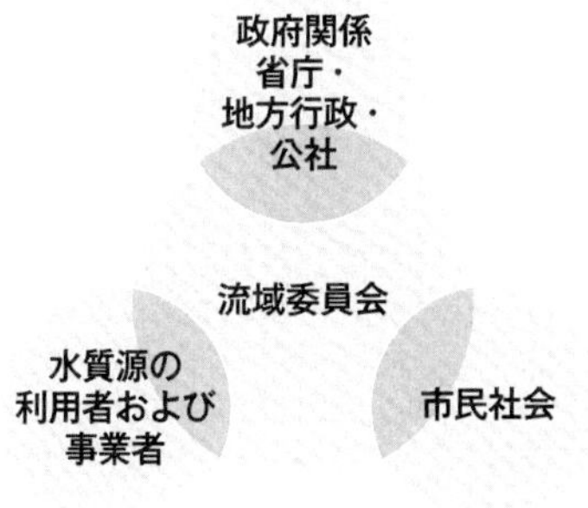

政府関係
省庁・
地方行政・
公社

流域委員会

水質源の
利用者および
事業者

市民社会

いる。

ガバナンス（governance）を日本語に直訳すれば「統治」となり、合法的な権力（政府など）を根拠とした上意下達的な指令・統制といった語感があるが、流域委員会が目指す新しいガバナンスとは、上からの統治と下からの自治を統合する幅広い参加による比較的フラットな参加型の統治、あるいは「民主的な自己統治」といったことを含意する。[75] もともとガバナンスの語源は「船を操舵する，船をあやつる，航行する」という意味のラテン語 gubernare に求められるが、[76] そのたとえで言うならばガバナンスとは本来、「船の舵取り（＝方向づける役割の担い手）と漕ぎ手（＝推進する役割の担い手）が協調して船を目的地に向かって航行させる」ということなのだ。

3－1　ついに流域委員会が発足！

「ついにサンタルシア川流域委員会が正式に発足することができました！」──環境総局のレオロン部長から感動的な電子メールが届いたのは、第2期協力プロジェクトが終了して2年余り2013年の夏のことだった。第2期協力時の現地スタッフの証言によれば、プロジェクト終了後も2年余りの期間、レオロン部長は流域委員会発足のために関係機関・関係者を説得し東奔西走されたという。すでに述べたように、第2期協力では統合的流域管理体制の確立なくしてサンタルシア川流域の抜本的な水質管理はなし得ないこと、そのために流域を行政的に管轄する県・自治体、関係省庁、関係市民団体、水の利用者や事業者がすべて結集した流域委員会の設立が提案されていた。[77] 現地のニュースが伝えるところでは、この流域

75) 大野智彦（2013）；和田英太郎（2009）；大塚健司（2008）；松下和夫（2002）などによる。
76) 山本隆司（2018）による。
77) Bnamericas, June 27, 2013 "Uruguay's govt launches committee to safeguard Santa Lucia river" https://www.bnamericas.com/en/news/waterandwaste/uruguays-govt-launches-committee-to-safeguard-santa-lucia-river

委員会発足の直接のきっかけは、同年3月にモンテヴィデオ首都圏の水道水が悪臭を発し、この異変に対してサンタルシア川の水質を守れという世論が大きく高揚したことが引き金となったという。悪臭の原因は水源となるサンタルシア川の水質汚染であり、水質管理体制を強化し農業や牧畜からの排水を規制するべきだと、世論は激した。[78]

　第2期協力プロジェクトの総合解析において予測していた河川水の富栄養化傾向がその後も残念ながら進行し、河川水中の藻類プランクトンの大繁殖（bloom）を引き起こしたのだ。最大の原因は、農牧業などに由来する面汚染源（窒素やリンの流入）の制御や大規模事業者の排水に対する規制が必ずしも十分には実行できなかったことにあり、その背後には統合的流域管理の未確立という問題があるのだ。水道水源を管轄する国家衛生公社は、世論の強い圧力に直面し、その声に押される形で急速に関係組織省庁および地方行政との調整を進め、あるいは説得し、流域委員会の発足に至った。サンタルシア川流域という最大の人口を抱える広大な流域での流域委員会の形成は全国に波及し、現在では、サンタルシア川流域のみならずウルグアイ国内の14地域で大小の流域委員会が結成されている。[79] つまり、ウルグアイ全国の主要河川を分散的にではなく流域単位で管理し環境に配慮した持続可能な開発を目指すという、憲法が掲げてきた基本的な方針に向かって進んでいる（巻末BOX⑨の「ウルグアイ環境省カウンターパートからの近況報告」を参照）。

　結局、流域委員会の組織化のためには第1期協力以来10年近くの歳月を要したが、それはステークホルダー（地方自治体、県、中央の関係省庁、市民社会、水資源のユーザー）間の利害の対立、ガバナンス上の問題など、ウルグアイ社会において歴史的に形成されてきたものが背景にあ

78) Banamericas, July 15, 2013 "Uruguay's Santa Lucia river could take 60 years to cleanup – report"
79) Micaela Trimble, Natalia Dias Tadeu, Marila Lázaro（2022）

り、簡単には解決できないものであったことを物語っている。しかし、二期に
わたるJICAとの技術協力や、その後の河川の統合的流域管理の必要性
について繰り返し議論がなされた末に流域委員会が形成された本当の原
動力は、異臭を発する水道水を不満とする単なる世論の圧力だけではな
かった。世論の高まりも確かにある種のトリガー（引き金）の役割を果たし
たではあろうが、それは流域の水質モニタリングとのその解析を通じた認識
の深まりであり、環境総局をはじめとする政府・行政機関の組織、制度の
レベルでの対処能力の発展であり、サンタルシア流域とその水資源を1つの
共有地（コモンズ）として捉えるウルグアイの社会的な認識の深まりと、そ
れを土台としたウルグアイの関係者のネットワーク化および自己組織化の働
きにあったといえるのではないだろうか。

　　環境総局職員のガブリエル・ヨルダはJICAとの協力事業を振り返って以
　下のように指摘する。『環境総局は以前から流域管理のコンセプトに基づいて
　活動しようとしてはいましたが、地方の関係者を統合することができていません
　でした。JICAプロジェクトでは、ブレインストーミングを用いたアプローチやワーク
　ショップを開催し、参加者に耳を傾けることにより地方自治体の関係者へのア
　プローチを促進しました。プロジェクトで開催した地方自治体の関係者を集めた
　ワークショップが、流域委員会の組織化に向けて不可欠であったと思います』

3-2　環境総局の発展

　ここで、プロジェクトを第1期協力（開発調査）以来の時間的な経過の
中で水質管理に係る個々の課題についてどのように発展してきたかを俯瞰
してみると、図3-2のようになる。横軸は時間軸であり、縦軸は流域の水質
管理やその実施体制の形成に必要な個々の課題を示している。
　（1）「水質モニタリング」の課題については、第1期協力以前から用途
別水質基準が制定されていたが、散発的な水質モニタリングが県レベルを

図3-2　ウルグアイ・サンタルシア川の総合的な水質・汚染源管理および統合的流域管理体制の確立に向けた能力強化の歩み

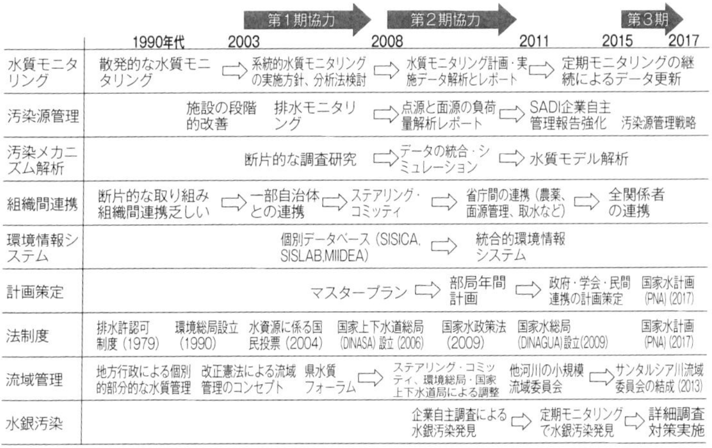

	1990年代	2003 〔第1期協力〕	2008 〔第2期協力〕	2011 〔第3期〕	2015　2017
水質モニタリング	散発的な水質モニタリング	系統的水質モニタリングの実施方針、分析法検討	水質モニタリング計画・実施データ解析とレポート	定期モニタリングの継続によるデータ更新	
汚染源管理		施設の段階的改善　排水モニタリング	点源と面源の負荷量解析レポート	SADI企業自主管理報告強化　汚染源管理戦略	
汚染メカニズム解析		断片的な調査研究	データの統合・シミュレーション	水質モデル解析	
組織間連携	断片的な取り組み 組織間連携乏しい	一部自治体との連携	ステアリング・コミッティ	省庁の連携（農業、面源管理、取水など）	全関係者の連携
環境情報システム		個別データベース（SISICA、SISLAB,MIIDEA）	統合的環境情報システム		
計画策定		マスタープラン	部局年間計画	政府・学会・民間連携の計画策定	国家水計画（PNA）(2017)
法制度	排水許認可制度(1979)　環境総局設立(1990)	水資源に係る国民投票(2004)　国家上下水道総局(DINASA)設立(2006)	国家政策法(2009)	国家水総局(DINAGUA)設立(2009)	国家水計画(PNA)(2017)
流域管理	地方行政による個別的部分的な水質管理　改正憲法による流域管理のコンセプト　県水質フォーラム	ステアリング・コミッティ、環境総局・国家上下水道局との調整	他河川の小規模流域委員会	サンタルシア川流域委員会の結成(2013)	
水銀汚染		企業自主調査による水銀汚染発見	定期モニタリングで水銀汚染発見	詳細調査対策実施	

（JICAプロジェクト報告書とその後の公開情報をもとに筆者作成）

中心になされてきたのみだった。第1期協力においてより系統的な水質モニタリングの必要性が認識され、水質モニタリングの基本方針、分析項目および分析法の検討がなされ、実施計画が策定された。これを受けて第2期協力では、具体的な定期定点水質モニタリング計画が策定されて実行に移され、かつ得られた水質モニタリング・データの解析とレポート化、および水質データベースへの入力がなされ、その情報が共有し公開され、政策にフィードバックされるようになった。分析研究所の設置により分析項目も拡充され、分析精度も高くなった。第2期協力以降もこの定期定点水質モニタリングは継続され、データベースは逐次更新されてきている。

（2）「水質の汚染源管理」については、排水基準および排水許認可制度については1970年代より制定されていたが、対策は大規模事業者の廃水処理施設の段階的改善や上下水道インフラの部分的整備に委ねて

いた。しかし第1期協力においてより系統的で合理的な汚染源管理を行う必要性が提案され、点汚染源からの排水の水質モニタリングや査察のマニュアル類が整備され汚染源管理が開始された。第2期には汚染源管理活動が強化され、点汚染源と面汚染源の負荷量が解析され、面汚染源の水質汚濁に寄与する割合が極めて高いことがわかった。さらに工場立ち入り検査と行政指導の強化が行われた。第2期協力以降は、事業者の自己モニタリング・報告を許認可更新とリンクさせて制度化し、企業による自主環境管理が強化された。

（3）「汚染メカニズム解析」については、水理学や水質汚染に関する専門的知識が要求されることから、これまではスポット的な調査研究を除きほとんどなされてこなかった。しかし、第2期協力では、JICA専門家およびローカル専門家によるセミナーおよびOJTトレーニング[80]などのプロジェクトによる人材育成が功を奏し、着々とデータベースにデータが集約・蓄積される中で、水質モニタリング・データの総合解析、総負荷量の推定、および水質汚染シミュレーションが実施された。第2期協力中盤以降、解析手法はより高度化し数値モデルによるシミュレーション・解析にまで進めている。

（4）「組織間連携」については、中央関係省庁間、中央と地方行政間、地方行政間のいずれも第1期協力までは分散的で連携に乏しく、環境総局内の部局間ですらあまり連携がない状況であった。第1期にはこの状況を改善すべく「水質協議会」を関係機関の参加のもとに組織化することが試みられたが、継続的な開催の見通しが立たず成功しなかった。第2期協力においてはステアリング・コミッティに中央関係省庁および地方行政を招きプロジェクトの主導で粘り強く「場」を形成して開催し、段階的に参加率を改善していった。その結果、まず環境総局内の環境評価部と環境管理部の連携が強化され、次に環境総局と中央政府関係省庁（農牧

---

80) OJT（on-the-job training）とは、実務を通して知識やスキルを獲得させる研修方法のこと。

省や国家衛生公社）との水質汚染に関する情報交換、人事交流、データベース統合などの積極的な連携が生まれた。さらに、環境総局や農牧省と地方行政（県）との共同水質モニタリング調査や汚染源査察が行われ実践的にも連携が進んだ。

（5）「環境情報システム（水質データベース）」は、第1期協力においてその必要性が認識され、環境総局がそれまで断片的に各々の部局や職員が保持していたデータを集約してデータベースを構築することに着手した。第2期協力においては、ハード面でもソフト面でもシステムをアップグレードし、また関係省庁のデータを幅広く共有して本格的なデータベースに拡張した。

（6）「計画策定能力」は、第1期協力におけるマスタープラン策定プロセスで能力強化が行われたが、とくに第2期協力でのJICA専門家チームと環境総局の専門家チームの協働での個々のアクション・プラン策定が実質的な能力向上に寄与したと考えられる。なお、第2期協力の後、2017年に「国家水計画」が公布されたが、この国家レベルでの包括的な計画の策定にあたっては、参加型の手法が用いられ産官学民の関係者が広く結集し5年余りの時間をかけて策定した。[81]

（7）「水質管理に関係する法制度」は、2004年の憲法改正以降、2006年に国家上下水道総局が設立され、その後2009年に国家水政策法が制定されて国家水総局に再編改組され、2017年には国家水計画が策定された。同水計画に基づく活動の年次評価を実施しており、[82]第1期協力以来プロジェクトで強調されてきたPDCA（計画-実行-評価-改善）サイクルに沿った適応型の計画管理が実装されるようになった。

（8）「河川流域管理」については、第1期協力以前は流域単位の考

81）Micaela Trimble, Tadeu N.D., Lázaro, M.（2022）による。

82）Marila Lazaro et al., 2021 によれば，' Citizen Deliberation on Water（Deci Agua）と呼ばれる研究者のイニシアチブによる市民参加メカニズムによってもモニタリング評価が行われている。

え方がなく、それぞれの地方行政区画内での個別的で部分的な水質管理しかなされていなかった。しかし2004年の憲法改正で、流域単位の水管理というコンセプトが明文化され、第2期協力からは、県レベルの水質フォーラム、ステアリング・コミッティでの流域の水質管理に関する議論、国家水総局による流域委員会形成のための調整を経て、2013年に流域委員会が設立され統合的水質管理体制が整備された。

　（9）　サンタルシア川で発見された水銀汚染については、第2期協力で定着した環境総局の定期モニタリングおよび事業者による自己モニタリングの結果から検出されたものである。これは第3期協力（次の第4章で述べる）の端緒となった。

　第1期と第2期の協力および米州開発銀行の借款事業を通じて、サンタルシア川流域の水質管理に関するさまざまな課題に対する取り組みは一歩一歩実行され解決されてきた。

　このような歩みを、環境総局を中心とした個人、組織、制度、社会のレベルの能力開発としてみた場合の主要な達成点、つまりキャパシティ・ディベロップメントの成果を表3-1に示す。

　第2期協力は流域管理についての公共の組織的・制度的フレームワークが無い中で出発したが、関係省庁・部局・機関の職員が中心となって個別の水質汚染問題（汚染源管理、農薬、面汚染源、水質汚染解析、下水管理など）について各々の立場から取り組む中で、水質管理に関する現状把握や関連情報が共有され、次第に関係省庁・部局間の連携が密になり進んできた。この動きは国家水政策の策定（2009年の国家水政策法による）、水環境分野の省庁組織再編、という中央政府の政策と施策をボトムアップ的に補完するものとなり、さまざまな環境管理事業を、最終的に流域委員会のフレームワークに統合していくことに貢献したといえる。第2期協力におけるキャパシティ・ディベロップメントの核心は組織と制度のレベルの能力開発にあり、それに個人のレベルと社会のレベルの能力開発が連

動したものといえる。なお、後に当時の環境総局は現在の環境省として昇格し、より包括的にウルグアイの環境行政を展開する行政機関になるが、それには、こうした能力開発の実績と制度改革が背景としてあったといえよう。なお、2011年には国家上下水道局が再編改組されて国家水総局が設置[83]

表3-1　第1期および第2期の協力（米州開発銀行の借款協力、ウルグアイの独自努力を含む）によって達成された環境総局等の流域水質管理に係る課題対処能力の発展の概要

キャパシティ・ディベロップメント	第1期協力（開発調査）	米州開発銀行（IDB）の借款プロジェクト	第2期協力（技術協力プロジェクト）	第2期協力以降（2013年まで）
個人のレベル	・パイロット・プロジェクトを通じた人材育成 ・計画人材の育成		・プロジェクトを通じた政策、計画、管理、技術、環境分析、総合解析、情報処理に関する人材の育成	
組織のレベル	・汚染源検査マニュアル	・分析研究所建設 ・情報システム・インフラの設置	・関係機関との連携促進とコラボ（農業問題、下水管理、共同モニタリング、面源管理） ・SADI 事業者査察、ガイドライン ・汚染源管理戦略の策定（レベル1から3） ・汚染メカニズム・シミュレーション ・点汚染源の法順守状況の把握	・水質モニタリング継続 ・汚染源管理と水質管理の継続
制度のレベル	・河川流域の水質管理法制度枠組みレビュー ・憲法改正	・国家環境情報システム	・統合環境情報システム構築（水質データベース、汚染源データベース） ・汚染源管理ガイドラインとエンフォースメント実施 ・国家水政策法に基づく水政策策定参画 ・地方の小規模流域委員会の設立	・2013年サンタルシア川流域委員会の設立
社会システムのレベル	・基本的人権としての水に関する全国民的議論と国民投票		・市民社会における河川流域の水質保全意識の向上 ・流域委員会にむけたボトムアップ的イニシアチブ	
水質管理に係るその他の事項		・固形廃棄物管理改善プロジェクトによる河川流域への固形廃棄物の流入の抑制	・水文・取水データの関係省庁での共有推進 ・水質の現状把握と政策への反映 ・汚染源の環境負荷の明確化とエンフォースメント強化（食肉、食品、皮革産業などの産業系の点汚染源、農牧系由来の面汚染源）	・2011年国家水総局（DINAGUA）の設立 ・国家水計画策定（2017年）に向けた参加型の計画策定プロセス実施

---

83) 国家水総局（Dirección Nacional de Aguas（DINAGUA））が流域委員会の担当省庁とされた。

され、ウルグアイの水政策・上下水道政策に関する計画・実施体制が一元化され、権限がより強化された。

　以上のように、第1期協力以来の9年間の協力を通して、環境総局の職員の個人のレベルの能力が強化され、組織が整備され、汚染源に対するエンフォースメントが進み、関係省庁との協力連携や情報共有が整備され、政策や戦略が策定・改善されて、サンタルシア流域の水環境行政が実効的なものとなってきたことは、包括的なキャパシティ・ディベロップメント（CD）が着実に進んできたことを示している。しかも2011年以降はすべてウルグアイの独自努力と自己変革に基づく成果であり、主体的で内発的な発展プロセスであることを示している。

　制度のレベルのCDの視点では、国家水政策法の制定など法制度面の発展があったが、重要なのは関係者・機関のネットワーク化の進行である。2008年の段階ですでに環境総局と県当局が合同モニタリングなどを実施しており、またステアリング・コミッティを通じて環境総局と関係省庁との水資源や水質に関する情報、農薬使用などを含む汚染源情報等の共有が進んだ。つまり中央と地方、中央の省庁間の連携と協力は第2期協力において大きく進んだ。しかし、マスタープランで提言され、第2期協力で繰り返し議論を重ねた「流域委員会」は、第2期協力プロジェクトが終了した2011年3月においてもまだ発足させることができなかった。マスタープランが想定していたような流域レベルのボトムアップ的なアプローチではなく、トップダウンで政策の実現を展開してきていたため、2011年時点では国家水総局が調整する「流域委員会の組織化」にまだ時間が要する状況にあったのだ。

　このように流域管理を実現させることは簡単ではないが、環境総局をめぐるCDということで言えば、第1期の開発調査による調査と計画策定から第2期協力プロジェクトでの能力強化支援の8年間の過程で環境総局の調整のもと借款事業による環境管理インフラ改善事業が並行して行われ、複数のプロジェクトを束ねて相乗効果を図る（結果としての）協力プログラム

が非常に有効に働いたものと思われる。さらに協力の成果を自らのものとして受け入れるだけの、一定の人材的、行政的、社会的な成熟がウルグアイ側にあったことが、一連の協力の効果的にしたと思われる。

３－３　環境モニタリング・データから情報、知識、そして政策へ

　ウルグアイにおいては、首都モンテヴィデオで1967年に産業排水条例が発令され下水道整備を中心とした汚染対策が進められてきたものの、他の地域の水質管理は大きく立ち遅れてきた。国レベルでは1979年には政令253/79（排水基準・環境基準など）が公布され、点汚染源に対する規制が始まったほか、1990年には環境総局が設立され、散発的な水質モニタリング活動も開始された。しかし、第1期協力が始まった2003年当初は、水質データや排水データなどの基礎データの集約は非常に限られたものだった。このような中、第1期協力では2004年末から環境総局と県が連携したサンタルシア川のモニタリングを開始し、現状把握、協調体制の構築、水質データ管理・共有ツールの開発、工場排水管理マニュアル作成、教育普及活動などが着手された。これらと並行して環境総局が排水モニタリングを開始した。さらに第1期協力の集大成として流域管理を視野に入れたマスタープランが作成された。

　第2期の技術協力プロジェクトが始まった段階で、環境総局内にはすでにかなりの量のサンタルシア川流域の水質データ、工場等の排水データが集積していた。それは、第1期の協力で開始された河川水質モニタリングおよび排水モニタリングが、継続的に実行されてきたことに加えて、関係省庁が長期間にわたって水文データを集積してきたことなど、ウルグアイの限られたリソースの中でも自助努力でデータを集めるだけの一定の能力があったことを示している。しかし、この段階では集められたデータの解析に基づく政策や施策、水環境行政の見直しなどはほとんど行われていなかった。

第2期の技術協力では、まさに、集積されていた、または今後集積される
データを、単なる「データ」としてではなく関係者が理解できて利用するこ
とが可能な「情報」にして、関係者と広く共有することを目指したのだった。

　一方で、当初（プロジェクト開始前）、河川水質モニタリングや排水モニ
タリングの結果が情報の形で報告・共有されてこなかったのは、政策・意
思決定の手段として、またアカウンタビリティの視点から、そのような情報が
必要になるまでの社会的かつ行政的な能力開発が不十分であったことをも
示している。

　「情報は知識にあらず（Information is not knowledge.）」というアイン
シュタインの箴言がある。情報はただそれを得るだけでは知識にはならず、
収集した情報の意味を考えて整理をし、行動を起こして評価し判断できるも
のでなければ、本当に役に立つ知識とはいえない。

　同様に、水質モニタリングがなされ化学分析や測定がなされて水質デー
タとして検証され、それが集約されて水質情報として提供されたとしても、そ
れだけでは専門家や行政当局者の限られた利用にとどまる。こういった水
質情報が整理され解析され評価がなされて、流域の水質に関する知識とな
り、さまざまな知見が総合化されて流域の水質に関する深い認識にまで発
展させることによって、環境管理の政策に結実し、広く社会にとって有用で
理解可能な科学的知識となる。それが流域の開発と環境保全政策に関す
る意思決定や施策に役立つものとなる。そのためには、環境モニタリングの
系統的かつ継続的取り組み、分析・解析技術の向上、エンフォースメント・
システム、情報システム、関係諸機関や学界研究者との幅広い協力連携
と総合化の努力が鍵となる（図3-3）。水質管理を行う公的機関において
は、このように水質モニタリング情報を、"階段"を上るように分析と解析を
進め知識化を図り、政策に寄与し得るものに結実させていく必要がある。そ
れが環境モニタリング情報の社会的価値の増大である。

　情報アーキテクトあるいは情報設計の分野で大きな影響を与えた米国の

リチャード・ソウル・ワーマン[84]は、データから情報への跳躍は、データを整理し、意味付け・方向付けをすることによって起こると指摘する。この「整理」において、ワーマンは、LATCH（ラッチ：Location（場所）、Alphabet（アルファベット・言葉）、Time（時間）、Category（範疇）、Hierarchy（ヒエラルキー・階層性））と呼ばれる5つの観点を指摘し、データを整理して情報とする場合には常にLATCHのいずれか（もしくは複数）の観点によってのみ行われるとした。情報から知識への跳躍は、複数の情報を統合し、方向づけに沿ってより役に立つ形、すなわち知識にしていくことである。この段階での知識の取得は、単なる受動的なものではなく情報の受け手の側の何らかの能動的な行動が、情報の理解と知識の獲得に向けた鍵となる。それはやがてより深い認識へと発展する。まさにこの階段を上るように、第1期協力により開始され第2期協力において定着したサンタルシア川流域の系統的水質モニタリングは、ワーマン流に言えば定点モニタリング（LATCHのL）、定期モニタリング（同じくT）、定められた水質パラメーター（同じくC）、水質評価基準（指標）による汚染分類（同じくH）によって、環境総局や流域委員会の政策に生かされる段階に達していったのである。

　水質のみならず、一般に環境モニタリング[85]とは、環境を観測し、測定し、調査研究をすることである。図3-3に示すように、科学的な方法を用いてまず観測や測定を行い「データ」を得る。データは蓄積されて検証され「情報」となる。こうした情報はまとめて比較され総合され創造されて[86]「知識」となる。このような知識は、さまざまな環境問題を客観的に深く理解するうえで重要な役割を果たす。ここまでの3段階が通常の科学研究の方法である。しかし、環境管理行政などの公的機関における環境モニタリングの特

---

84) リチャード・ソウル・ワーマン（2007）。
85) Artiola et al.（2004）に基づく。
86) 野中郁次郎による「知識創造」の考え方と重なる。

図3-3　環境モニタリング情報の社会的価値の段階的増大、およびそれを引き起こした活動（筆者原図）

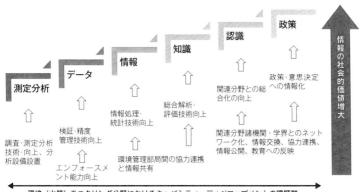

質は、社会的に、政治的に重要な役割を果たすことが期待されており、さまざまな意思決定のために不可欠の知識を提供するものであることを忘れてはならない。例えば、「知識に基づく規制」は、水質基準、給水・排水規制等の根拠であり、環境モニタリングによって得られた知識に基づくルールとなっている。加えて、環境モニタリングによって得られた情報や知識は、環境政策や開発計画を検討し政策決定をするうえでも不可欠である。

　以上の環境モニタリング情報の社会的価値の増大ということを「情報ピラミッド」の考え方[87]で、情報や知識の行先（社会的な使途）の視点で見れば、情報や知識をどのような形で誰に対して情報公開・共有・公開する必要があるのかが、より鮮明になる。図3-4は、情報ピラミッドを模式的に図示したものである。情報ピラミッドの底辺から頂点までの4段階はおおむね図3-3の"階段"と対応しており、図3-3の「測定分析」と「データ」が図

87）UNECE（2003）の東欧での支援プログラム事例において提唱された。

3-4の「環境モニタリング・データ」に、図3-3の「情報」と「知識」が
おおむね図3-4の「情報データベース」に、図3-3の「認識」がおおむね
図3-4の「環境諸指標」に、そして図3-3の「政策」が図3-4の「政策
指標」の段階に対応する。

　公的機関が取得した環境モニタリング情報はすべて情報公開されること
が原則ではあるが、想定される主たる情報・知識利用者は、ピラミッドの底
辺の「モニタリング・データ」から、「データベース」、「環境諸指標」、そ
して頂点の「政策指標」に至るまで、それぞれの段階で異なってくる。逆
に言えば、こうした主たる利用者が情報に確実にアクセスする状況が保証
され理解されないと、せっかく行われた環境モニタリングも社会的には生かさ
れ難いことになり、環境保全や持続可能な開発に貢献することができない。
知識や情報のチャンネルを整備し「受け手」の理解を図ることは、データ
や情報を生産することと同様に大変重要なのだ。データや情報が存在する
だけでは意味をなさない。

　それではウルグアイのサンタルシア川流域の水質管理の場合どうだった
か？第1期協力以前の段階は環境モニタリングがなされなかったわけでは

図3-4　環境モニタリング情報の「情報ピラミッド」とその活用（UNECE（2003）をもとに筆者編図）

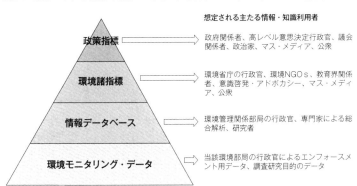

想定される主たる情報・知識利用者

政策指標 → 政府関係者、高レベル意思決定行政官、議会
関係者、政治家、マス・メディア、公衆

環境諸指標 → 環境省庁の行政官、環境NGOｓ、教育界関係
者、意識啓発・アドボカシー、マス・メディ
ア、公衆

情報データベース → 環境管理関係部局の行政官、専門家による総
合解析、研究者

環境モニタリング・データ → 当該環境部局の行政官によるエンフォースメ
ント用データ、調査研究目的のデータ

ないが、それはピラミッドの底辺、「環境モニタリング・データ」の段階であり、環境総局等のそれぞれの部署の職員の管理に委ねられていた。環境総局内の情報共有すらなされていない状況であった。モンテヴィデオ県は早くから水質モニタリングを行っていたが、そのモニタリング・データが他の地方行政や環境総局に共有されていたわけではなかった。

　第1期協力においてデータベースの必要性が認識され試行され、情報ピラミッドの第二段「データベース」に進むが、情報量やハードウェアの制約もあり、水質管理関連の部局に広く共有されたとは言い難く、関係行政官に共有される機能的な水質データベースが構築されるには第2期協力を待たねばならなかった。水質データベースが本格的に構築され、環境総局のみならず上水道関連の関係機関のデータも相互共有し、統合データベースが構築されたのは第2期協力の後半で、この段階で水質汚染情報を総合解析して汚染負荷量解析やシミュレーション等を行い、水質汚染の程度を指標化し政策決定に参考となる情報（知識）として供することができるようになった。これにより、流域内のどの地域で汚染が深刻であるのか、点汚染源に由来するものか面汚染源に由来するものか、といった汚染メカニズム解析にも接近し、汚染源管理やエンフォースメントについての参考情報としても大変役立つ情報（知識）を提供できるようになった。これが情報ピラミッドの第三段「環境諸指標」の段階である。こうした情報は2009年に公布された国家水政策法に基づき、政策企画部局である国家上下水道総局に共有され国家計画全体に反映されることが期待された。しかし当時の国家上下水道局は流域管理委員会の設立のための連携と調整に業務の重点があり、本格的に国家の環境政策への反映を行うためには、上下水道政策と水資源・環境政策を一元的に担う2011年の国家水総局の設立と、2017年の国家水計画を待たねばならなかった。そして2017年の国家水計画では、指標に基づき年次モニタリングを実施しており（すでに2020年までの3回分が公表されている）、今日では情報ピラミッドの頂点の「政策指標」

の段階での政策へのフィードバックの実行レベルに達している。

　ウルグアイ・サンタルシア川流域のケースで重要な経験は、環境モニタリング情報のデータから政策指標に至る社会的価値の増大とその情報の行先が、公的機関の設置や法制度の制定によって逐次確保されてきたことである。そしてこうした組織制度面の発展は、ウルグアイ自身の内発的努力によってなされた。つまり、組織のレベルと制度のレベルのキャパシティ・ディベロップメントが情報ピラミッドに示されるような情報の受け手へのチャンネル形成に大きな役割を果たしたことに他ならない。

3－4　ネットワークとコラボレーション

　サンタルシア川流域において水質管理に直接関係する主たる省庁・地方行政機関は、図3-5に示す6機関である。図の左下の「流域の県当局・自治体」は具体的には6県あるが、便宜上1つで集合的に示した。これらの省庁・地方行政機関は公的機関であり、その土台として下端に示した「市民社会・非政府組織・学界・教育界・マスメディア」といった社会的基盤がある。もちろん、これ以外にも、財政、建設、法務、保健、教育といった省庁はあるが、役割がやや間接的となるため、ここでは6機関に絞って論じることにする。

　河川流域の水質管理を合理的かつ持続可能な形で実施するためには、これらの関係省庁・機関が情報を共有して知識を獲得し、政策的に連携することが不可欠であり、それを第2期協力では目指したのであった。図3-5では、各関係省庁の個人（職員）と組織のレベルでのそれぞれの能力向上の課題を示しており、各ステークホルダーの二重の円の内側の破線円はそれぞれの組織に属する個人のレベルのキャパシティを示し、外側の実線円はそれぞれの組織のレベルのキャパシティを示す。各関係者（組織）が有するべき能力を吹き出しで示した。各関係者の間を結ぶ矢印は、お互いの連携や関係性を示している。また、下辺に図示した「市民社会・非政

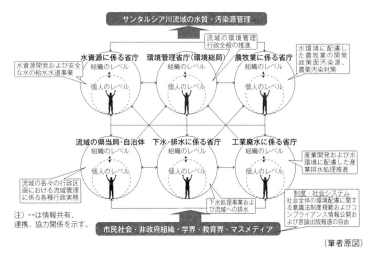

図3-5 サンタルシア川流域の水質管理に係る代表的ステークホルダーの個人および組織のレベルの期待されるキャパシティとこれらの機関の相互の関係性、および全体を包括する制度・社会システムのレベルの期待されるキャパシティ

（筆者原図）

府組織・学界・マスメディア」が、全体としての制度・社会システムの基盤として成り立っていることを示した。

　振り返って見れば、2003年の第1期協力開始の時点では、これらの関係性はほぼ無いに等しく、1つの省庁、例えば環境総局内の部局間ですら、水質管理についての連携が取れていなかった。その後、2004年の憲法改正によって流域単位の水資源の管理が明文化され、法制度上の要請から省庁間の連携が不可欠のものとされていく。このような状況の下、第1期協力の過程で、環境総局とそれぞれの省庁がスポット的な連携協力を開始したものの、あくまで試行的であり、そのままでは持続可能性を持ったものとは言い難かった。

　しかし、2007年からの第2期協力においては、このような第1期協力の教訓に基づきステアリング・コミッティを通じた情報共有とアクション・プランの

策定および実施を重ね、流域管理の知識が創造されていった。この段階は、前出のリチャード・ソウル・ワーマンが指摘するところの活動による「情報の知識への変換」が進んでいったことを示しており、第 2 期協力終了時の 2010 年には、県の一部を除く関係省庁・組織の経常的なネットワーク化に成功した。

　そして、その 3 年後には中央政府の関係省庁・機関に加えて地方（県）行政および市民社会からの参加も得られるようになり、政令に示されたように、すべてのステークホルダーを結集してサンタルシア川の流域委員会が結成されたのであった。

　以上の組織化と統合の流れは、水質データをはじめとする水環境情報がデータベース等によって集約され、トリガーとなった富栄養化による水道水の悪臭問題等も起こり、マスメディアによる自由で活発な報道が世論を喚起し、これらに対する対応という実践を通じて統合的流域管理の必要性の認識が深まり、政策としての流域委員会結成が実現したプロセスと考えることができる。

　図 3-6 に、流域管理に係る主要ステークホルダーのネットワーク化もしくは関係性を時代ごとに区切ってまとめ、その変遷を示した。各ステークホルダー間の相互の連携や協力の関係性を示す矢印（←→）が、第 1 期協力以前（2003 年以前）、第 1 期協力終了時（2006 年）、第 2 期協力終了時（2010 年）、第 2 期協力以降（2013 年）と、時代とともに次第に密になっていく様子が見てとれる。ここでは、憲法改正を含む法制度上の要請があり、水質モニタリング情報の蓄積によりサンタルシア川の水質汚濁の現状が明らかにされた。やがて水質に関する情報と知識が形成されていくに従い、この水質汚濁を解決すべく、そもそも水質管理を行う公的機関としての使命を果たすために、分散的な管理に代わって流域の統合的な管理のための協力が次第に生まれ、ウルグアイの関係省庁・機関の間にある種

図3-6　第1期協力および第2期協力を通じた流域管理に係る主たる関係省庁・地方行政機関(ステークホルダー)等の関係性の変遷

第1期協力以前（2003年以前）

第1期協力終了時（2006年）

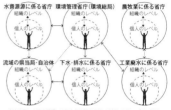

第2期協力終了時（2010年）

第2期協力以降（2013年）流域委員会結成

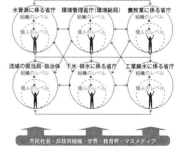

(筆者原図)

の自己組織化が起こり、サンタルシア川の流域水質管理のためのネットワークが形成されたと考えられる。

　ネットワークの形成という点で見逃してはならないもう1つの重要な点は、制度・社会システムの基盤部分に示した学界とのネットワーク化である（図3-5の底部）。流域委員会が結成される以前も、ウルグアイで河川流域の

---

88) 野中(1986)による。このような認識や行動の動的協力現象を「シナジェティックス」と呼んでいる。

環境や水質の調査研究がなかったわけではない。しかしそれらは流域水質管理とは別の文脈でなされてきた研究であり、環境行政の現場との交流はなく、先に示した情報ピラミッド（図3-4）にいう上位の政策決定に影響を与えるものとはなり難いものだった。しかし流域委員会の組織化にあたっては、意識的に学界を巻き込むことがなされた。[89] 実際、河川流域管理において、真に環境に配慮した河川流域管理を実施するために、中央や地方の行政レベルや市民社会のみならず学界（大学や教育研究機関の研究者）との連携によって科学的で客観的な知見に基づく検討が求められたのである。また、環境分析研究所は環境総局の一部局でありながらウルグアイ国立技術研究所（LATU）構内に位置していることもあり、学界と行政の連携のチャンネルの役割をも果たすようになった。

３−５　統合的流域管理における汚染者支払原則適用

　流域委員会が結成され、流域単位での水質保全や水資源の利用と管理の在り方が広く議論されるようになって、改めて議論の俎上（そじょう）に上ったのが「汚染者支払原則」（PPP）である。これは、もともと経済協力開発機構（OECD）が1972および1974年に勧告した基本原則であり、環境汚染を引き起こす汚染物質の排出源である汚染者に、汚染により発生した損害の費用を支払わせることとした環境政策上の原則である。[90]

　汚染者支払原則の基本的な考え方は、河川の水などの自然環境を汚染の排出・処理先として利用し、それにかかった費用に対する支払いがなされないことに環境劣化の原因があると見て、このような市場経済の外側（外部不経済）に発生する費用（外部費用と呼ぶ）を製品やサービスなどの価格に反映させる（内部化する）ことによって、汚染者が汚染による損害

89）吉田（2022）は学界との情報共有やコラボレーションが流域管理の実現に大きな役割を果たしたことを指摘している。

90）OECD（1992）The Polluter-Pays Principle, OECD Analyses and Recommendations

を削減しようとする経済的インセンティブを作り出すことを狙いとしていた。

　ウルグアイでの流域管理を進めるうえでも、このような汚染者支払原則を制度化することが必要不可欠であった。なぜならば、ウルグアイでは、積極的な灌漑と農業開発政策のために、米、大豆、木材パルプ、食肉（牧畜）の生産が大規模化し、それらは、一般の上水道で供給される飲料水量の50倍以上ともいわれる大量の水資源を消費し排水しているからだ[91]。また、農牧業セクターにおける水利用の増大は、しばしば面汚染源からの環境負荷の増大を意味する。こうした水の大口利用者に水環境保全のための応分の負担を求める制度を導入し、水質管理を含む水資源管理全体のなかに経済開発を組み込んでいく必要がある[92]。

　流域委員会発足後間もない2013年の時点で、この課題に取り組むべく、大規模農場や事業者での排水処理状況の査察や面汚染源への対策の負荷の把握などが環境総局と農牧省により行われていた。第2期協力の結果から、サンタルシア川の富栄養化を引き起こす汚染負荷量のおよそ20%は点汚染源由来であるが、80%は面汚染源由来であると推定された。しかし、点汚染源の管理についてはほぼ見通しがついたが、面汚染源への対策についてはまだほとんど着手されていないのが当時の限界だった。これを規制するために河道の両岸20-40mを「汚染フリーゾーン」として農薬不使用、牧畜禁止とする規制ルールの制定が議論されていたところだった（図3-7）。地域住民・コミュニティ代表はもっとフリーゾーンの幅を広げるよう主張し、一方農場や事業者は自ら保有する土地への利用方法の制約を嫌った。

　その当時、JICA第三国研修の講師としてウルグアイを訪問していた筆

91）The Guardian view on a water crisis: Uruguay points to a wider issue – and to solutions, Editorial, 16 July 2023
92）諸富（2011）の整理に基づく。

図3-7　流域委員会は、すべての河道沿いの幅20-40mを農薬使用と放牧の禁止の"フリーゾーン"とし、水質汚染防止を図った（筆者撮影、2,010年）

図3-8　El Observador 2013年9月7日付のインタビュー記事紙面「専門家は汚染への課税により水質汚染を修復するよう助言」

者は、現地マスメディア（エル・オブザヴァドル紙）から取材を受けた[93]。メディアからの問いかけは、河川流域の水質管理をいかに効果的かつ効率的に行っていくべきかというものであった。この問いかけに対して、現状を十分把握したうえで、面汚染源の原因となっている大規模農場や事業者に排水処理の重要性をしっかり説明し合意と協力を得ることが必要であること、そのために意識啓発、エンフォースメント、汚染者支払原則の徹底を提言した。まずは、流域委員会で環境モニタリングの事実に基づいて流域委員会で関係者を交えてしっかり話し合い、面汚染源に対するウルグアイの条件に合った何らかの経済インセンティブ（課税、水利用料金、処理設備設置のための技術支援や補助金など）を流域委員会にて検討することが必要と指摘した（図3-8）。

　ちなみに、このインタビュー記事のキャッチコピーは「水の汚染者は支払うべきだ」だったが、当時研修講師専門家として現地で講演と農場の排水施設の

---

93) El Observador (7 September 2013) Consejo: el que contamine el agua, que pague. https://www.elobservador.com.uy/nota/consejo-el-que-contamine-el-agua-que-pague-20139618420

視察を行った東京工業大学大学院環境・社会理工学院融合理工学系准教授の錦澤滋雄は、次のように述べている。『セミナーの参加者の皆さんが大変熱心なのに感銘を受けました。ただし、面汚染源の制御等では経済的なツールを使って制度設計することが必要だと思います。現地で視察した農場ではピットを掘って排水処理を行ってはいましたが、大変初歩的なもので、排水基準を満たしていないとのことでした。こうした排水が富栄養化に寄与していると考えられます。排水処理施設の整備をもっと促進しなければなりません。そのために行政や流域委員会による強い指導や公的な補助金制度も必要でしょう。意識啓発はもちろん重要ですが「性善説」だけではなかなか解決しないと思います』

3－6　コモンズとしての流域のガバナンス

（1）コモンズの悲劇と喜劇

「合理的で利己的な個人は、その共通のあるいは集団的利益の達成を目指しては行為しない[94]」とは、米国の経済学者マンサー・オルソンの集合行為論（1965年）で述べられた1つの洞察である。これは言いかえれば、ある集団内のすべての個人が合理的選択をする場合、たとえ集団としてその共通利益あるいは共通目的の達成を目指して活動して利益が得られるとわかっていても、個々人は依然として自発的にはその共通利益あるいは集団利益を達成するためには活動しないというのだ。

この考え方を自然の共有資源に適用したのが「コモンズ（共有地）の悲劇」だった。それは、米国の生態学者ギャレット・ハーディンが1968年にサイエンス誌にて述べた人間集団の共有地における社会的にパラドキシカルな関係モデルである[95]。例えば、村の共有の牧草地に複数の農民が牛を放牧する場合を考える。農民は自己の利益の最大化を求めてより多くの

94）マンサー・オルソン（1983）『集合行為論—公共財と集団理論—』。
95）Garrett Hardin（1968）"The Tragedy of the Commons"

牛を放牧したがる。自身の所有地であれば牛が牧草を食べ尽くさないように放牧数を調整するが、地域の共有地の場合自身が牛を増やさなければ他の農民が牛を増やしてしまうという競争心や恐れから、牛をひたすら増やし続ける。こうして農民が共有地を制限なく利用できる限り、農民自身の合理的選択によって資源である牧草地は過放牧によって荒れ果て、結果としてすべての農民が損害を受けることになる、というものだ。

　共有地は誰もが利用できる「非排除性」をもっており、一方、大勢の人が使うと枯渇してしまうという「競合性」を持っている。このため、共有資源は乱獲されて資源の枯渇を招いてしまうという、なんとも殺伐としたモデルだが、地球上でヒトによって多くの生物種が乱獲のために絶滅し、また環境破壊や資源枯渇が起こされてきたという歴史的事実を見る時、ある種の現実を描写する社会法則として受け止められ、その後の有限な自然環境や資源の保全の問題に関する議論では、このモデルがしばしば援用されてきた。ハーディンは、これを地球規模の資源管理に拡張し、有限の地球環境資源はやがて枯渇すると警告した。そして、この「悲劇」を避けるには、非排除性と競争性を超える必要があり、完全な公的管理の徹底（国有化）か、完全に私的な管理の徹底（私有化）か、の二択しか方途はないと結論づけた。

　しかし、この「コモンズの悲劇」に対し、もう1つの道があり得ることを示したのが、米国ノースウェスタン大学のキャロル・ローズであった。彼女は、1986年に発表した論文「コモンズの喜劇[96]」の中で、コモンズが本来的に備わった共有財として地域・コミュニティの慣習や制度によって厳然と統治されてきた歴史の事実に光を当て、地域・コミュニティによる自己管理がコモンズを持続可能にし得ると論じた。では、地域・コミュニティが歴史的に形成してきたというコモンズを持続可能にする慣習や制度とは何なのか？

96）Carol Rose（1986）"The Comedy of the Commons"

（2）コモンズの設計原理8要件

　米国の政治学者エリノア・オストロムは、このキャロル・ローズの議論をさらに実証的に発展させた。共有地を2つの分析軸「排除性」と「競合性」から分析し、「コモンズの悲劇」が必ずしも常に生じるわけではないということを世界各地の事例に基づき見出した[97]。共有地において地域住民による自然資源の利用が「コモンズの悲劇」を招かず自治管理がうまく機能する条件として、次の8つの設計原理（現実にあるコモンズに認められる事実を整理した原理であることから「定型化された事実」とも呼ばれる[98]）を明らかにした。ちなみに、オストロムは一連のコモンズ研究の業績によりノーベル経済学賞を受賞した。

①境界：コモンズの境界が明確であること
②規則：コモンズの利用と維持管理のルールが地域的条件と調和していること
③決定：コモンズの利用に関する集団の決定に構成員が参加できること
④監視：ルール遵守についての監視がなされていること
⑤強制：ルール違反へのペナルティは段階を持ってなされること
⑥紛争：紛争解決のメカニズムが備わっていること
⑦組織：コモンズを組織する主体に権利が承認されていること
⑧構造：コモンズが大規模になる場合、その組

97) Elinor Ostrom（1990）"Governing the Commons" 日本の入会制度もコモンズの成功事例として取り上げられている。
98) 岡田（2010）の"stylized facts"。

織構造が入れ子状になっており、専有、供給、監視、強制、紛争解決ルールが多層の事業で組織化されていること[99]

なお、これらの8要件の前提として、地域の自然資源を管理するに当たって、地域固有の資源の価値を見いだし紛争をのりこえ、将来にわたって自然の恵みを享受していこうとする、地域住民と自治体や政府の強い主体性、オーナーシップが自明の前提となっていることを忘れてはならない。

オストロムの業績から学ぶべきことは、組織制度が適切に構築され（要件①、②、③）、ガバナンスが強化され（要件④、⑤、⑥）、自由・平等・民主的制度が適切に機能するならば（要件⑦、⑧）、「コモンズ（共有地）の悲劇」は不可避ではないということであり、このことが世界各地のコモンズの事例をもとに実証的に明らかにされたことにある。これは言葉を変えていえば、個人、組織、制度、社会のレベルのキャパシティ・ディベロップメントが包括的になされることにより、コモンズは（そして有限の地球環境は）持続可能となるということを示している。

オルソンやハーディンがいう利己的な合理的選択による「共有地の悲劇」発生のモデルは、行為者の合理性の一面のみを強調したものであり、オストロムの事例研究とは必ずしも一致せず、共有地であれば不可避的に起こるものとはいえないのだ。そして、「社会的ジレンマ」という状況に対応する「制度形成」のための自己統治的な主体が存在するならば、持続可能なコモンズを形成することは可能であるとオストロムは示したのだった。

しかしその一方で、設計原理の8要件を満たすように動く主体の存在が所与のもの、自明の存在として前提することも楽観的に過ぎ、普遍的に適用することもできない。結局のところ、コモンズをめぐる地域社会が、開発と

99）「入れ子状」とは、コモンズといっても現実にはさまざまな課題（例えば、給水、水質管理、農牧業、林業、生態系保全など）があり、それぞれの課題で違う利害関係者を巻き込むことが必要になる。そのため、それぞれの利害関係者の意思を反映させるべく、それぞれの課題の利害関係者に合わせた意志集約の構造が流域委員会内部に必要になる。

環境保全の主体として「コモンズの悲劇」を回避するためには、設計原理8要件を充足させるように働きかける、当事者の主体性と一定の「技術」や「知識」が必要なのである。そしてこの「一定の知識と技術」の獲得支援こそが、JICAの技術協力事業で行ったことであった。

（3）サンタルシア川の統合的流域管理をコモンズの視点で読み解く

　以上のようなコモンズの視点から、改めてサンタルシア川流域の統合的流域管理および水質管理をめぐる発展を考えてみると、サンタルシア川の統合的流域管理の形成をめぐる問題もコモンズの形成プロセスと見なすことができる。ウルグアイの中央政府と地方行政に加えて、関係者の連携により、エリノア・オストロムの指摘するコモンズの設計原理の8要件が、10年余りにわたる粘り強い取り組みの中で段階的に整備され実現されてきたものと見ることができる。表3-2は、設計原理8要件がウルグアイにおいてはどの段階（またはプロジェクト）によって、どのように対応し充足されてきたのかをまとめたものである。第1期協力の段階での8要件がほとんど充足していない状態から、第2期協力および米州開発銀行借款事業を通じて徐々に充足が進められ、第2期終了以降のウルグアイ側の自助努力によって、流域委員会が結成され、段階的に8要件が充足されてきたことがわかる。

　ただし、現在でもなお8要件の充足の過程ともいえ、すべての要件が完璧に充足されたとまではいえず段階的なものである。例えば「⑦組織」（表3-2）に関して、2013年の流域委員会の結成は中央政府と地方政府が主たるアクターでそれに地域社会が加わった組織化であった。そのため、当初は大規模な水利用者や農牧業事業者は必ずしも網羅されておらず、こうしたステークホルダーは大変重要であるものの参加が遅れ、その後次第に包摂されてきたという経緯があった。この結果、大規模な水利用者や農牧

100）小野（2010）による。当事者の主体性に基づく技術や知識の獲得（能力の獲得）の重視は、まさにキャパシティ・ディベロップメントの考え方と共通する。

表3-2　サンタルシア川の統合的流域管理(水質管理)のための流域委員会の組織化におけるコモンズの
　　　　設計原理8要件の充足プロセス

設計原理 8要件	第 1 期の協力 (開発調査)	第 2 期協力および 米州開発銀行借款事業	第 2 期以降のウルグアイの 独自努力
①境界	・複数の行政境界による分断 的で不完全な管理 ・改正憲法での流域単位概念 が導入	・住宅土地整備環境省(MVOTMA) による全般的な責任の確認 ・国家上下水道局 (DINASA) による行政範囲	・国家上下水道局(DINASA) による流域委員会政令に よる河川流域単位水資源 管理の規定の徹底
②規則	・水質管理にかかる法制度の レビューと改訂提言	・水質政令の改訂	・国家水政策法 ・流域委員会政令
③決定	・改正憲法による基本的人権 としての水の確認 ・マスタープラン案の提案	・汚染源管理と水質管理のシス テム、マニュアル ・定期モニタリング計画 ・部局間連携 (水質と汚染源)	・汚染源管理戦略 ・流域委員会による水資源管 理に係る個々の決定
④監視	・分断的でエンフォースメン トも不十分	・排水モニタリング ・計画的な水質モニタリング ・シミュレーション手法導入	・計画的な水質モニタリング ・汚染者の自主モニタリング ・環境総局のモニタリング、 データベース、シミュレー ション情報公開
⑤処罰	・政令はあるがエンフォース メントが不十分	・環境総局および地方行政(県) による汚染源査察と行政指導	・流域委員会の決定に基づく 処罰 ・行政によるエンフォースメ ント
⑥紛争	・各地方行政 (県) による紛 争への個別的対処と調停	・ステアリング・コミッティに よる議論と意識醸成 ・環境総局から国家上下水道総 局 (DINASA)、そして国家 水総局 (DINAGUA) へ調整 業務を移管	・流域委員会による紛争解決 メカニズム (第 3 期協力 での水銀汚染問題への対 処 (後述) も含む)
⑦組織	・環境総局が提唱するが、流 域委員会は組織化できず。		・中央と地方の行政組織を中 心とする流域委員会の結 成 (2013年) ・流域委員会への参加者拡大
⑧構造	・関係省庁、地方行政 (県) がばらばらに対処。 ・サイロ方式の弊害	・環境総局と一部の県との合同 モニタリング、県と県の共同 調査、環境総局と農水省など 関係省庁との情報共有など	・流域の水資源の利用、供給、 監視、強制、紛争解決ルー ルが流域委員会内で議論 され制度化された
河川水質に 関する背景	・サンタルシア川流域における都市化の進行、農牧業開発の 進行、農薬汚染、安全な水の供給に対する社会的要請の高 まり、市民の環境意識の高揚 ・日本を含む他国の流域水質管理の経験の共有		・トリガーとしてのモンテ ヴィデオ水道水の悪臭問 題 (河川の富栄養化)。 ・農牧業の大規模事業者への 管理が課題となる

業事業者の活動は、流域委員会のなかで十分には調整や管理ができず、面汚染源による全窒素と全リンの水質汚染の対策や、渇水時の水資源のバランスの取れた給水と利用といった点で、後々まで問題を残すこととなった（第5章参照）。

　8要件を満たすような流域コモンズの形成ならびにそのガバナンスの構築は、本来当事者が主体となって行う（あるいは、当事者にしかできない）ことであり、援助ドナーなどの外部者の果たす役割は限定的である。しかし特筆すべきは、この流域委員会の組織化を準備する流域コモンズとガバナンスの8要件の充足過程で、他国・地域のコモンズ形成の経験（欧州の経験や、日本での琵琶湖・淀川流域委員会などの経験）が紹介され、そのことによってサンタルシア川流域の当事者のコモンズとしての流域のガバナンスに関する認識が一層深められたと考えられる。つまり、サンタルシア川流域の水質管理の向上に取り組んだ2期にわたるJICAの技術協力事業は、ウルグアイでのコモンズとしての流域管理の形成に、日本の経験の共有を通じた協力という点で寄与したと考えられる。

　前述の流域委員会の組織形成プロセスは、ガバナンスの自己組織化のプロセス、つまり社会のレベルのキャパシティの中核的部分（コア・キャパシティ）の強化の過程を示しているといえよう。[101]できあがった形や組織を指すのではなく、組織ができあがっていくプロセスを指すのである。このような自己組織化が人間社会において起こる条件として、参加者における情報の共有、参加者間の対等平等および公平性、参加者の自由の保障、自主性の尊重、他者の受容、目的が明確であること、開放系であること、などが挙げられている。これらは互いを相互補完する関係にあり、どれもが「自己組織」という1つのシステム（系）を出現させるための必須条件となると

101）明治大学ホームページ：山口智彦「自己組織化って、なに？」による。https://www.meiji. net/topics/trend20190625

されている。ここで注意すべきは、オストロムの8つのコモンズ設計原理と自己組織化のための要件に、共通するまたは近似的な意味が多数見出されることである。

　以上をまとめると、統合的流域管理の考え方は、多くの基本的な要素でコモンズのガバナンスの概念と共通性を示す。まず、共有の資源（リソース）を管理するという側面である。河川流域は複数の地域社会・コミュニティや産業により、国や行政区画にまたがって共有される自然資源である。これはオストロムの指摘するコモンズの基本的な特性に合致する。

　河川流域はしばしば行政的・政治的な境界を超えるため、その管理は関係者・組織・団体の間の多階層的な協力（多階層的ガバナンス）[103]を必要とする。環境、経済、社会のニーズをバランスさせるために、多様なステークホルダーが参加する必要がある[104]。また、環境条件や科学的理解が変わるにつれて、当然のことながら流域管理（あるいはコモンズ）戦略も柔軟に対応する必要があり、適応的な共同管理の必要がある[105]。また、次節でも述べるように、持続可能な水資源の利用と保全、および長期的なレジリエンス[106]のために、地域社会と行政の自己組織化を契機とする能力強化が必要である。これらも、コモンズと統合的流域管理の両方において不可欠の要素である。よって、コモンズのガバナンスの概念および統合的流域管理は、共有資源の持続可能な管理という観点で密接に関連している。

　ただし、流域管理はしばしば水資源管理の技術的な側面（例：治水、水利、ダムや水処理施設の建設、水質監視など）が強く関わってくるため

---

102) 自然から学ぶ社会のしくみ（3）自己組織化の条件とは（2019年）（https://socialvalue. amebaownd.com/posts/5935400）を改変。

103) Jacob Petersen-Periman et al.（2017）は、水資源に関する紛争と協力の文脈から多層的ガバナンスを指摘している。

104) Huitema et al.（2009）は Adaptive Water Governance の重要な要素として「参加」を指摘している。

105) Derek Armitage et al.（2009）による adaptive co-management。

106) レジリエンス（resilience）とは，困難な状況 にもかかわらず柔軟に適応する過程や能力、適応の結果のことで、「回復力」「弾性」「しなやかさ」などと訳される。

比較的大規模なインフラ整備・公共事業実施の要素を強く帯びるのに対し、コモンズは比較的小規模の共有資源に焦点が当てられ、参加、規範、制度に焦点を当てている。そのため、流域管理は国や地方政府などの公的機関が主導するケースが多いが、コモンズではコミュニティ・レベルでの自主的なガバナンスが多く見られるといえよう。

　ウルグアイでのサンタルシア川流域管理委員会の組織化の経緯を見ても、流域管理の構築プロセスにおいては、国や地方政府などの公的機関が主導する「上からの制度改革」（トップダウン型）の色彩が強かったが、本来のコモンズではコミュニティ・レベルからのボトムアップ型での文字通り草の根からの自主的で自己組織的な制度形成が一般に期待される。このようなアプローチやガバナンスの性格に違いがあるが故に、流域管理においては、上からの統治やトップダウンの弊害が出てくる可能性がある。その場合、地方と中央政府の情報の格差や非対称性のために、地元のコミュニティが持つ地域固有の知識が十分に考慮されないことがあり、これが不適切な流域管理につながってしまう可能性がある。また、公的機関や官公庁が主導する場合、煩雑な手続きや過度な規制が効率的な流域管理を妨げる可能性、つまり官僚主義の弊害や中央集権的な管理のため個々の地域の独自性に十分に対応できないケースもあり得る。[107]流域委員会の組織化が、流域の水の富栄養化による水道水の異臭というトリガーを、結果として待たねばならなかったことも、こうしたウルグアイ社会の中のさまざまなガバナンス上の負の問題が関わっていたのかもしれない。

　もっとも、比較的小さなコモンズのガバナンスに一般的に認められるボトムアップ方式にも弊害はあると考えられる。そもそもボトムアップのアプローチは、概して小規模な資源の管理には適しているが、河川流域のような大規模な資源やその結果として多数のステークホルダーが関与する場合には、

107）Ribot（1999, 2003）はアフリカを事例に、これらの弊害を植民地主義の遺産としている。

その効率性と実効性が問われ、ボトムアップは容易なプロセスとはいえない。加えて地域や関係者間で利害が対立する場合、共有資源の公平な分配や持続可能な管理が、地域や関係者の分断によって困難になることもある。また、地域コミュニティが独自にルールを作る場合、それが既存の法的枠組みや他のコミュニティとの整合性を欠くこともある。これらは、第1期協力の際のサンタルシア流域の各県での分散的な取り組みの状況や、第2期協力の初期の農業セクターを管轄する農牧省関係部局や地方（県）行政の結集が大変困難であったことを思い起こさせる。このように、トップダウン型とボトムアップ型のアプローチには、それぞれ特有の弊害が存在し、二者択一で決めるものではなく、現実の条件に応じた多層的で柔軟なガバナンス構造の導入が検討されるべきだろう。例えば、地方や地域コミュニティの参加と関与を促す仕組みをトップダウンの管理枠組みに組み込むことで、既存の行政システムに基づくガバナンスを生かしつつ弊害を最小限に抑え、効果的な水資源管理や水質管理を実現できる可能性が高まる。

　第2期協力およびそれ以降のウルグアイの独自の取り組みによってサンタルシア川流域委員会の結成にこぎつけた背景には、結果として、このような多層的で柔軟なガバナンス構造の導入が、現地の条件に応じてある程度なされたことが功を奏したと考えられる。そこでは、環境総局や農牧省、国家水総局の調整とイニシアチブといったトップダウンと、ステアリング・コミティ等で共有された各県レベルでの水質フォーラムを中心とした活動などボトムアップが、限界はあるものの多層的に含まれ、関係省庁のみならず地方（県）やコミュニティ代表を包摂したプラットフォームが形成され、それを意思決定機関とするガバナンス構造が形成されてきたのだった。

---

108) Elinor Ostrom（2000）による。
109) Dietz, Ostrom, Stern（2003）による。

（4）持続可能なコモンズのためのキャパシティ・ディベロップメント

　包括的なキャパシティ・ディベロップメント（CD）は、コモンズとしての河川流域の持続可能な管理を実現するための具体的な対処能力や実行能力を形成し条件を整えることであり、とりわけ持続可能性を確実にするうえで重要な意味を持つ。仮にコモンズの設計原理8要件を充足するとしても、それは必要条件の充足であり、自律的に持続可能な形でコモンズのガバナンスを維持していくための能力は別に問われる。そして、コモンズのガバナンスとは、コミュニティ、組織、関係諸機関が河川流域の水環境資源（共有資源）を公平かつ持続的に管理する方法に関係する。コモンズの持続可能なガバナンスを実現するための能力強化（CD）のための重要な要素として、サンタルシア川流域の実践経験に基づけば、少なくとも以下の6点（知識と技術、制度形成、社会、参加と包摂、適応型マネジメント、パートナーシップとネットワーク化）が挙げられる。

①**知識と技術**：これには、コモンズの性質の理解、資源に関する技術的知識（河川の水理的、生態学的知識など）、組織化、意思決定、紛争解決、資源管理の技術が含まれる。個人のレベルでのトレーニングと教育プログラムや組織のレベルでの学び合いと蓄積により、これらの知識と技術としての能力を構築することができる。第1期協力と第2期協力で注力したトレーニング、ワークショップ、セミナーはまさにこの要素を対象とした。

②**制度形成**：良いガバナンスのためには、効果的な制度が必要である。これには、政府関係省庁や地方行政などの公的機関だけでなく、コミュニティグループや従来からの非公式な機関も含まれる。　能力開発においては、これらの機関の強化、効果的な法的枠組みの開発、または必要に応じて新しい機関の構築が含まれる。ウルグアイの事例でもっとも本質的制度改革は、水の基本的人権としての位置づけを明確にした憲法改定である。また、その後、国家上下水道総局（DINASA）など関

係機関が設立され、国家水政策法、国家水計画などが次々と制定され制度構築が進んだ。

③**社会**：組織や人間の相互の関係性、社会的規範、コミュニティ内の信頼、ネットワーク化に関係する社会のレベルのキャパシティであり、「ソーシャル・キャピタル[110]」とも呼ばれるものと重なる。　高いソーシャル・キャピタルを持つコミュニティは内部結束が強く、他集団とのネットワークを作ってより協力しあい問題を解決し、河川流域（コモンズ）を効果的に管理することができる。　能力開発には、コミュニティ構築活動、コラボレーションの促進、または共通の価値観や規範の開発が含まれる場合がある。これは第2期協力において時間をかけて取り組まれた協働型の協力アプローチであり、また情報公開原則も役割を果たした。

④**参加と包摂**：効果的な河川流域（コモンズ）のガバナンスには、すべての利害関係者の参加が必要である。能力開発には、包括的な意思決定プロセスの作成、疎外されたグループの参加への支援の提供、統合的流域管理やステークホルダーの権利の重要性についての意識の向上など、参加を促進する取り組みが含まれる場合がある。この点では、第1期・第2期協力は、コミュニティの包摂について重要な役割を果たしたとはいえ、水質管理の側面での協力のため、水資源利用という点ではウルグアイ側の自助努力課題となった。

⑤**適応型マネジメント**：コモンズは複雑かつ動的であり、状況の変化に柔軟に適応できる管理システムが必要である。能力開発には、モニタリングと評価のためのシステムの開発、学習と革新の促進、または災害や危機に直面したときの回復力の構築（レジリエンス）が含まれる。これは、第2期の技術協力を通じて環境総局での適応型マネジメントの推進を行っ

---

110) 開発協力の文脈では、(1)組織・コミュニティ内での協調行動を促す「内部結束型(bonding)」のソーシャル・キャピタルと、(2)組織・コミュニティと関係機関との水平および垂直のネットワークを構築する「橋渡し型(bridging)」のソーシャル・キャピタルに着目して考えることが特に重要とされる(JICA, 2002)。「社会関係資本」とも訳される。

てきたことに対応する。

⑥**パートナーシップとネットワーク化**：他のコミュニティ、組織、政府、さらには国際機関とのパートナーシップやネットワークの構築も含まれる場合がある。第1期から第2期にかけてのネットワークの発展（図3-6参照）は、第1期協力以来段階を追って多様となってきたことに対応する。

　第1期協力と第2期協力で実施された活動は、これらの6つの要素を包含しており、コモンズとしてのサンタルシア川流域の統合的流域管理のための包括的なキャパシティ・ディベロップメントを支えた取り組みであったといえるだろう。

（5）知的資産としての情報と知識

　本章を締めくくるにあたり、第1期協力で作成されたマニュアル類等、および第2期協力で作成された報告書といった協力の成果品の公表と社会的共有の意義について述べておかねばならない。

　第2期協力のプロジェクト終了後（2011年以降）、ウルグアイの環境総局ならびに関係省庁は自助努力で統合的流域管理、流域水質管理の構築と展開を目指すが、その中でさまざまなポリシー・ペーパー、白書、報告書、そして研究論文が作成され公表されてきた。それらの中には、しばしばプロジェクト・ファイナル・レポートが引用され、議論の主要な土台、ベースライン、および方向性を示す際の基礎情報として使われているものもある。代表的なものとして、2013年のサンタルシア川流域委員会の最初の実施計画、2015年に住宅土地整備環境省の白書として刊行された「サンタルシア川流域の現況[111]」、2017年に国家環境関係閣僚会議が策定し公表した

---

111) MVOTMA (2015) Estado de situación Cuenca del río Santa Lucía

「サンタルシア川流域水質保全実行計画[112]」では、第2期協力の成果（最終報告書など）が重要な論拠として採用され、図表を転載して参照されている。これら以外にも多くのサンタルシア川流域の水質を論ずる論文においてしばしば引用文献として登場している。このことは、技術協力プロジェクトで生み出された情報や知識という具体的成果物が協力時点での単なる技術的達成要素のみならず、中長期的にも役立ち得る知的資産あるいはベンチマークとして相手国の開発に寄与することができる、ということを示すものである。もちろんそのためには、これらが科学的、技術的な質が高く、正確な情報や知識に基づく成果物でなければならないことはいうまでもない。ただ、この要件を満たせば、幅広いステークホルダー、関係者ネットワークと共有することにより、協力の成果物は協力時点のみならず以降の開発に対しても貢献することのできる知的資産としての役割をも果たし得るのだ。こうして、情報と知識の社会的共有は、社会全体の包括的なキャパシティ・ディベロップメントを下支えする1つの基盤、知的資産を提供するのである。

---

112) Gabinete Nacional Ambiental（GNA）（2017）Plan de acción para la protección de la calidad ambiental de la cuenca del rio santa lucia - medidas de segunda generación

第4章

サンタルシア川における水銀汚染
－第3期の技術協力

　前述の第2期協力によって制度化されたサンタルシア川流域の定期水質モニタリングおよび事業者による自主モニタリング報告制度は、環境総局の継続的な取り組みによってプロジェクト終了後も持続的に推進され、水質情報はデータベース化し逐次更新されていった。そのような中で、サンタルシア川の河口に近いラプラタ地区の河川湿地にて高濃度の水銀汚染が発見されたのである。加えて、国連環境計画（UNEP）およびバーゼル条約ラテンアメリカ・カリブ海地域センターの支援[113]により、ウルグアイ国内の水銀の排出に関するインベントリー（目録）が作成されていた。

　一般に土壌・堆積物の総水銀の含有量基準は2–3mg/kg以下とされ[114]るが、ラプラタ地区の湿地ではその10倍以上の桁違いの濃度が検出された。この地区では、消毒剤や漂白剤として使われる塩素の製造工場があり[115]、1958年以来、水銀電極を使った電解法の塩素アルカリ・プラントを稼働させてきた。直近で年間塩素生産量14,600トンの能力を持つこのプラントから未処理で排出されていた産業排水が、水銀汚染の原因と考えられた。すでに当該工場は国連環境計画および環境総局の勧告を受けてイオン交換法排水処理装置を導入するなどの対策を行い、環境総局の調査によれば排水中の総水銀濃度は排水基準値濃度の0.5ppb以下となっており、中期的には水銀電極を使わない製法に転換する方針である。しかし、過去に未処理で環境中に排出されてきた水銀は莫大な量であり、それが湿地帯に集積している可能性があり、早急に水銀汚染の実態を調査し地域住民の健康や生態系への影響を把握したうえで必要な対策を講じる必要があった。

---

113) NNEP（2011-2015）「水銀を含む製品とその廃棄物のLife Cycle Management（LCM）の適正化プロジェクト」、バーゼル条約地域センター（2009-2010）「ラテンアメリカ・カリブ地域における水銀を含む廃棄物の最小化と環境に負荷をかけない処理広域プロジェクト」による（JICA,2016）。

114) 水銀には有機水銀・無機水銀・金属水銀といった化学的な形態および化合物があるが、これらすべてをまとめて「総水銀」（Total Mercury）と呼ぶ。

115) UNEP-DTIE（2011）Chlor-alkali Project - Uruguay Final Report. UNEP/DTIE Chemicals Branch, June 2011, Geneva.

4－1　水銀に関する水俣条約

　水銀は人体への有害性を有する代表的な重金属の1つであり厳格な管理の必要な物質である。[116] 水銀に関する水俣条約は、有害重金属である水銀が人の健康や環境に与えるリスクを低減するために、その採掘、貿易、水銀の製品への添加、製造工程での水銀利用、大気への排出、水・土壌への排出、水銀廃棄物の管理に至るまで、全世界での包括的な規制を定める国際条約である。[117] 水俣という名前が冠されたのは、同条約前文に述べられているように、水銀の適切な管理が行われなかったために大きな健康被害をもたらした日本の「水俣病の重要な教訓」を踏まえてその教訓を生かしたいからである。2009年の国連環境計画の提案に基づき政府間交渉が開始され、2013年に熊本県で開催された外交会議で同条約は採択され、2017年には締約国数が日本を含めて50カ国に達し正式に発効した。ちなみに、同条約の5条には、前述の水銀電極法を用いる塩素アルカリ・プラントの2025年を目標とする全面廃止が述べられている。そしてウルグアイ政府は日本政府と共に政府間交渉時の共同議長国を務めたこともあり、条約の制定と発効に大きな役割を果たした。そのウルグアイにおいて水銀汚染が発見されたのである。汚染を放置せず水銀中毒などの被害が起こらぬうちに解決しなければならない緊急の課題でもあった。しかし、ウルグアイでは水銀汚染の調査、分析、そして対策立案に取り組むのは初めての経験であった。そこでこれまでの日本（JICA）との2期にわたる技術協力を踏まえて、本書の冒頭に書いたように再度の技術協力要請がなされたのだった。

　日本政府（環境省）は、水俣条約（案）策定の当初から、開発途上国の水銀に関する取り組みに対してそれを後押しする国際協力政策「もやい（MOYAI）イニシアチブ」を掲げていた。ここで用いられている「もや

116）渡邉泉（2012）による。
117）日本環境省ホームページの解説。https://www.env.go.jp/chemi/tmms/convention.html

い」という語は、舟と舟をつなぎとめるもやい網や農漁村での共同作業を意味する日本語であるが、国際協調主義に基づき、世界的な水銀問題への取り組みに積極的に連帯し協力する日本の姿勢を示したものである。このMOYAIイニシアチブにおいて、開発途上国への支援および水俣発の情報発信等・交流の取り組みを行うこととしていた。このイニシアチブの英文頭文字を連記するとMINAS（MOYAI Initiative for Networking, Assessment and Strengthening）となるため、「水銀マイナス」プログラムとも呼ばれ、日本として開発途上国の水銀対策を後押しする方針であり、具体的には水銀モニタリングネットワークの構築、途上国の水銀使用、排出、実態等の調査・評価の支援、途上国におけるニーズ調査・対処能力強化支援等の取り組みを進めるとされた。そして、ウルグアイの第3期協力は、上記の「水銀マイナス」の国際協力方針実践の最初のケースとなった。

4−2　日本の経験の共有と情報公開原則

　ウルグアイ政府（環境総局）からの要請に対し、日本のODA事業としてまず明確にしておかねばならないことがあった。それは情報公開原則の適用だ。

　国際協力に関する計画打ち合わせのため同国を訪問した時、「この水銀汚染の事実は公表されているのですか？」と環境総局長に問うと、「まだ非公開です」との答えが返された。「日本のODA国際協力事業は日本国民の税金によって賄われており、その結果はすべて公表することが原則です。JICAが技術協力を行うにあたって、その結果を公表することが約束されなければ協力はできません」これに対して、「情報公開原則遵守はウルグアイも同様です。今回の調査研究によって具体的な対策方針が決まれば公表します」という回答がなされた。協議の結果、期限を2017年3月までと区切って調査分析、対策立案、公開セミナーを開催することとした。かつて、アルジェリアにおいても同様の水銀汚染に関する技術協力を実施す

る際、情報公開による環境汚染情報の社会的共有が市民の環境保全に関する意識を促進し、それが追い風となって環境管理制度が整備され、結果として対策が急速に進んだ。このようなJICA技術協力の先行事例経験[118]も踏まえてのことでもあった。

ところで、1992年の国連環境開発会議（UNCED）「環境と開発に関するリオ宣言」第10原則では『環境問題は、それぞれのレベルで、関心のあるすべての市民が参加することにより最も適切に扱われる。国内レベルでは、各個人が、有害物質や地域社会における活動の情報を含め、公共機関が有している環境関連情報を適切に入手し、そして、意志決定過程に参加する機会を有しなくてはならない。各国は、情報を広く行き渡らせることにより、国民の啓発と参加を促進しかつ奨励しなくてはならない。賠償、救済を含む司法および行政手続きへの効果的なアクセスが与えられなければならない』とし、情報公開原則が定式化された。[119]そして、この早期の情報公開、情報共有、関係者の連携協力の必要性は、水俣病の重大な教訓でもあることを忘れてはならない。

水俣病の総括的教訓は、国立水俣病総合研究センターが行政、医療、学界、マスメディア、市民社会の関係者を結集して行なった「水俣病に関する社会科学的研究会」[120]によって次のようにまとめられている。「我々は水俣病事件の歴史的経過を前にして、大きな誤りを繰り返しおかしてきたことを率直に認めねばならない。それは、行政のあり方、企業活動など構造的な誤りであった。水俣病の発生は工業の発達と利便さの追求のため、科学技術や化学物質の開発を続けてきた現代社会の構造そのものに由来す

---

118) JICA 緒方貞子平和開発研究所ワーキングペーパー No.176 （Yoshida, M., 2018）。

119) 環境省ホームページの訳文に基づく。

120) 日本の高度成長期に公害対策の最前線に立ち「ミスター公害」とも呼ばれた元厚生省局長の橋本道夫氏がこの研究会の座長を務め、水俣病の被害者救援にあたった熊本学園大学医学部教授の原田正純氏が委員として参加した。なお、原田正純氏は「水俣病」(1972)、「水俣病は終わっていない」(1985)の二冊の著作（いずれも岩波新書）で、水俣病の歴史的経緯を克明に記録している。あわせて参照していただきたい。

るものであった。　環境は確実に危険のシグナルを我々に送り続けているのに、これを無視した上、被害の発生拡大を防ぐ有効な対策をとらなかったばかりでなく、その後の的確なフォローをしなかったことが、住民に取り返しのつかない健康被害をもたらし、壊滅的な環境破壊も生んだ。しかも、その悲劇は二度も繰り返された。水俣病の最も厳しい教訓は、発生源と原因物質の確定をめぐる科学論争をたてに、各省庁の権限関係も障害となって、政治的・社会的に政府の政策決定まで12年もかかり、その間に汚染と被害が拡大し、さらに第二水俣病が発生したことである。原因究明に対する原因企業の非協力や事実の隠蔽、さらに化学工業界、通産省などによる学界の権威をまきこんで企業・産業の防衛が行われたが、こうした一連の動きの中で国と地方の行政、政治、検察、マスコミがどのような役割を果たしたかが深刻に問われている[121]」。これらの教訓こそウルグアイの水銀汚染対策について生かされねばならなかった。なかでも情報の公開の遅れは痛恨の教訓の1つであるため、JICA技術協力を開始するにあたってその前提条件として確認したのだった。

4－3　予防的な取り組み

　水銀汚染という明らかなリスクはあるが、現段階では被害が顕在化していない、というのがサンタルシア川の水銀汚染のケースである。「未然防止」とはリスク（人体への影響など）が明らかなものに対して、そのリスクが顕在化（健康被害の発生など）する前に防止することである。これは環境総局が確定していた排出基準等を駆使して直接汚染源を規制する場合の基本となる考え方である。一方、「予防原則」および「予防的な取り組み」は、リスク発現のメカニズムが科学的に十分解明されていない場合でも予防的に対策をするべきであるという考え方であり、「未然防止」とは異なる。

121）国立水俣病総合研究センター（水俣病に関する社会科学的研究会「水俣病の悲劇を繰り返さないために」）。http://nimd.env.go.jp/research/result/study_group_report/

水銀に限らず有害物質による環境汚染は眼に見えないことが多く、眼に見えるようになるのは地域住民の健康や生態系に何らかの被害が出るときである。しかし被害が出てからでは遅すぎるのであって、もし恐れがある場合は早期に予防しなければならない。「リオ宣言」第15原則では『環境を保護するため、予防的取り組みは、各国により、その能力に応じて広く適[122]用されなければならない。深刻な、あるいは不可逆的な被害のおそれがある場合には、完全な科学的確実性の欠如が、環境悪化を防止するための費用対効果の大きい対策を延期する理由として使われてはならない』と確認されている。

　では、どうすれば眼に見えるようにできるのか？それが系統的な環境モニタリング調査であり分析である。まさにサンタルシア川流域の水質に関して第2期協力で取り組まれてきた課題であった。その結果、環境分析研究所の能力開発によって、第3期協力が始まる時点（2015年）で、総水銀の分析はウルグアイ自らが独自に行うことができるようになっていた。だからこそ、定期環境モニタリングの過程で、自力で水銀汚染が発見されたのである。ただし、水銀の化合物の中でもっとも毒性の強い有機水銀（それは水俣病の原因物質である）については、ウルグアイにはまだ分析技術が確立していない状況であった。

　もともと塩素工場の排水中の水銀は無機態であるが、湿地帯などの環境下ではメチル化され有機水銀が形成されることが知られている。第3期協力では、環境分析研究所の研究員を日本に招聘して有機水銀分析法に関する研修を行い、水俣の現地視察や関係者との交流も行った。また、日本の専門家を現地に派遣して直接技術指導を行い、現地で有機水銀の分析ができるように支援した。同所では国内の大学や研究所などとの協力や情報交換が進むことになり、有機水銀分析技術が普及するハブともなっ

122）'Precautionary Approach'と呼ばれている。

た。日本からの専門家派遣においては大学や公的機関（一般財団法人日本環境衛生センターおよび国立水俣病総合研究センター）の専門家の協力を得ることができた。こうしてサンタルシア川の湿地帯における環境総局とJICA専門家チームの水銀汚染合同調査分析チームが活動を開始した。

　有機水銀分析の技術指導を担当した専門家である（一財）日本環境衛生センターの鹿島勇治は当時を振り返り述べている。『第3期協力で実行された、ウルグアイの方々をまず日本に迎えて日本の設備の下で分析法のトレーニングを行い、実際の分析のイメージを持ってもらい、その経験に基づいて現地の条件をある程度整備していただいてから、現地に行って技術指導をするという2段階の分析技術指導アプローチは大変効果的であったと思います。ウルグアイの皆さんは大変熱心で理解力が高く、短い期間で分析法をマスターされました。特に、ウルグアイの機材に日本の公定法とは異なるものが使われていたのですが、その条件に応じて分析方法を独自に工夫するようなこともされていて素晴らしいと思いました』

　一方、環境総局は、水質に関する総水銀の環境基準や排水中の濃度基準は制定していたが、土壌・堆積物の水銀汚染に関する含有量の基準は未制定であった。特に今回の水銀汚染に関し、何らかの汚染対策を講じなければならない対策介入の判断基準値[123]を早急に制定する必要があり、日本を含む諸外国の基準を参照したうえで、土壌・堆積物中の総水銀含有量15mg/kgを暫定的な対策介入基準の下限に設定した。つまり、ウルグアイ国内においては、これ以上の濃度が認められた場合は何らかの対策を講じなければならないこととしたのだった。

---

123) 対策介入の判断基準値（Intervention value）とは、この汚染濃度以上ならば何らかの対策を講じなければならないという基準値。

4－4　湿原調査

　分析体制を構築し、そして対策基準を明確にしたうえで、水銀汚染が確認された湿原の堆積物の調査を行った。写真4-1に示すように、現地ではサンタルシア川河口域に遠浅の湿原が広がり、背丈を超す葦が茂っていることがわかる。ここで底泥・堆積物の試料を事前に決めたグリッド（図4-1）に沿って5点混合法で採取し、湿地に生息する魚介類も併せて採取した。その調査方法については日本の土壌汚染調査の指針を紹介し、調査計[124]

図4-1　ラプラタ湿原のサンプル地点図
　　　　（出典：JICA報告書2017年）

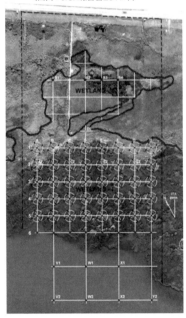

写真4-1　ラプラタ湿原における調査サンプリング
　　　　作業状況　　　　（2016年筆者撮影）

写真4-2　ボートによる河川堆積物の調査
　　　　　　　　　　（筆者撮影、2016年）

注）各白点が5点混合法でのサンプル採取地点である。なお、地図の上端の道路の上側に塩素製造プラントが位置し、排水路が湿原に向かって伸びている。

124）環境省「土壌汚染対策法に基づく調査および措置に関するガイドライン.改訂第2版（平成24（2012）年」。

画策定の参考にした。これにより、水銀のみならず今後スポット的に汚染地域が発見される場合の調査法の一種のモデル事例とすることとした。

　　筆者は環境総局のメンバーと共に湿地調査を行った。湿原に繁茂する葦は表層の泥のなかに根を張りめぐらしており、特殊なステンレス製打ち込みサンプラーを現地で設計・特注して調査に臨んだ（写真4-1）。河川の対岸からボートで入らねばアクセスできない地点もあり、葦の密生する湿原内を、GPSを頼りに湿原の泥濘のなか地点まで向かいゴムの胴衣長靴を着てサンプリングを行った。水深の変化により場所によっては胸まで水につかることもあり、環境総局のメンバーと共に、ディズニー映画「白雪姫」の小人のマーチ "ハイホー♪ハイホー♪" を歌って励ましあいながら湿原を調査し、堆積物や水のサンプリングを行ったのは今では懐かしい思い出である。

４－５　水銀汚染の実態と有機水銀の生成および生物濃縮

　以上の調査で得た湿原堆積物の総水銀濃度分析結果を地図上の等濃度線（コンター）図として示したのが図4-2である。工場の排水溝出口付近から湿地に向かって団扇を広げるように総水銀の高濃度部分が広がり、総水銀濃度が最大64mg/kgの複数の高濃度ゾーンをホットスポット的に形成している状況が明らかになった。しかも湿地の表層部の細粒堆積物（底質）にのみ総水銀の含有が認められ、総水銀がこれら堆積物の表面に吸着する形で汚染が起こっているものと考えられる。

　では、総水銀のうち有機水銀の濃度はどうだろうか？ホットスポット部分の堆積物中の有機水銀（メチル水銀）の含有量を分析したところ、そのメチル水銀含有量は総水銀含有量に対して最大で0.17%程度であった。一方、湿地内で捕獲した動物（貝類や小型魚類）の体内からは最大0.5mg/kgの有機水銀が検出され、植物（葦）からは最大0.8mg/kgの水銀が検出された。こうした生物体試料中での総水銀に対するメチル水銀の

比率は68% ～ 100%であり、メチル水銀は生物体内に選択的に吸収され体内に蓄積されやすい（生体濃縮）ことを示している。プランクトンについては分析できなかったが、こうした小型の魚類や貝類は食物連鎖で上位の捕食者（大型魚類など）によって摂食され、メチル水銀が上位にさらに濃縮していく恐れがある。サンタルシア川河口域や近海沿岸域を回遊する大型魚類として体長1m以上に達するコルビナが知られており、地域住民によって捕獲し摂食されているほか、市場でも流通している。よって今後状況を放置し継続摂取すればメチル水銀の生物濃縮による中毒被害が起こりかねないという"イエローカード"状態だった。

図4-2　総水銀汚染濃度のコンター図
緑色コンターに囲まれた塗色部分が対策介入濃度15mg/kg以上を示し、とりわけ橙色部分がホットスポットである。

（出典：JICA報告書2017年のデータをもとに編図）

　なお、ホットスポットのメチル水銀含有の底泥サンプルについては、日本の NGOと研究者の協力でPCR-DGGE法[125]による微生物叢解析（サンプル中に存在する各種微生物の種類や割合の解析）がなされた。その結果、メチル化と関連すると報告されている特徴的なバクテリアの群集が検出された[126]。この微生物群集が湿地内に排出された無機態の水銀をメチル化させ、極めて毒性が強く生物体に吸収されやすいメチル水銀を形成する働きをしている可能性が高い。こうしてラプラタ湿原の水銀汚染の実態が次第に明らかになっていった。汚染実態の認識、「眼に見える化」は、環境モニタリング調査・水銀分析技術の向上やDNA解析によって支えられた。

４−６　環境リスクと対策の策定

　明らかにされたメチル水銀を含む水銀汚染を示すラプラタ湿地帯の環境リスクとはどのようなものだろうか？ラプラタ湿地帯は周辺に居住する住民が自由に出入りできる公共水域に位置し、釣りや葦の収穫のために地域住民が立ち入っている。そのため、高濃度のホットスポットにおける無機態の水銀の地域住民による接触吸引リスクがある。ちなみに、水銀電極法のプラント内においては水銀蒸気が発生するため同様の接触吸引リスク[127]があり、2015年に筆者も同行した環境総局による同工場の産業医への聞き取り調査によれば、同プラント内での工場労働者の作業時間は厳しく制限され、かつ定期的に労働者の血中および尿中水銀濃度の検査を行っており、現在までのところ健康被害は出ていないが労働安全衛生には十分配慮しているとのことであった。

　また、より懸念されるのは、生態系におけるメチル水銀の食物連鎖による

---

125) ポリメラーゼ連鎖反応─変性剤濃度勾配ゲル電気泳動法（Polymerase Chain Reaction-Denaturing Gradient Gel Electrophoresis）を用いた DNA 解析方法。

126) 湿地の水銀汚染堆積物中にジオバクター属のバクテリア群集（*Geobacter sulfreducens* など）が発見された（Yoshida, 2020 による）。

127) 水銀は気化しやすく、呼吸によって体内に入るリスクがある。

生物濃縮である。近隣水域で回遊するコルビナなどの大・中型魚はすでに述べたように食用にも供されているため、地域住民による魚介類の捕獲と摂食による有機水銀中毒の恐れもある。実際、食品の安全に関する担当省庁から提供のあった大型魚コルビナの分析データによれば、食用に供される魚肉部分については食品安全基準（0.4mg/kg）以下の許容できる濃度だが、内臓は部位によってはこの基準を上回る総水銀濃度が認められる場合があるとのことであった。つまり摂食リスクが認められた。また、湿地に繁茂する葦は伝統的に天井などの建材として利用されているが、水銀汚染域に生育する葦については明らかな水銀の濃集が認められるため、家屋での接触吸引リスクが懸念され、何らかの形で使用を抑制する必要があった。以上のことから水銀汚染湿地については早急に地域住民の立ち入りを制限し、生物濃縮を起こす食物連鎖の遮断が必要であるという結論に達した。

　水俣病事件の際は、高濃度の汚染を示す底泥・堆積物を浚渫し埋立遮蔽（しゃへい）する措置が取られ、また水俣湾底質の高濃度水銀汚染域には網が設置され、大型魚による汚染地区の小型魚・底生生物やプランクトンの捕食による食物連鎖と有機水銀の生物濃縮を遮断する対策が講じられた。これらの水俣での対策方法を参考にし、本地域でもラプラタ湿地の対策介入域（総水銀＞15mg/kg：図4-2の濃度線の着色部）を囲むフェンス網を設置し（写真4-3）、食物連鎖による大型魚類への水銀の生物濃縮を抑制することを計画した。

　これらの対策費用については、1992年のリオ宣言の第16原則『国の機関は、汚染者が原則として汚染による費用を負担するとの方策を考慮しつつ、また、公益に適切に配慮し、国際的な貿易および投資を歪めることなく、環境費用の内部化と経済的手段の使用の促進に努めるべきである』に準拠し、汚染源の塩素製造工場企業に汚染者支払原則を適用することと裁定し、湿地へのアクセスの代替道路の設置を含む全工事費を企業に負

写真4-3　フェンス設置状況（湿地の高濃度水銀汚染地区を囲むように設置され、地域住民のみならず大型魚類の水域侵入・捕食などによる食物連鎖を抑制することを目指している　　　　（筆者撮影、2016年）

写真4-4　ラプラタ湿地周辺での地域住民による釣りの様子。生物濃縮が認められるコルビナ等の大型魚類はマーケットで販売され、食用に供されている
（筆者撮影、2016年）

担をさせることとしたのだった。また、環境総局は後述の地域住民説明会と並行してサンタルシア川流域委員会にて汚染情報を共有し、上記の今後の対策方針を説明した。

　当面、環境総局はモニタリングを続け、モニタリング結果に異常が出た場合、必要に応じて、次の段階として表層の水銀汚染底泥・堆積物の埋め立てにより水銀汚染部分を外界から遮断封鎖することも検討していくこととした。

　その後のウルグアイ環境総局は改組され住宅土地整備環境省から分離し環境省となったが、モニタリングは組織改組後も継続実施されている。環境省から提供された情報によれば、第3期協力（2015年）から現在までに実施された7回の年次サンプリング中に得られた結果の評価が行われ、調査対象地内に新たに水銀蓄積サイトが発見された。これにより、2024年よりサンプリング地点の追加が行われる計画であり、現在、新しいモニタリング調査のプロトコルを作成中である。

4－7　情報公開と住民協力

　以上の環境リスク評価に基づく対策計画策定後、環境総局による汚染企業に対する行政指導により、汚染者支払原則に基づいて工事費用を負担するよう行政指導と勧告がなされ、工事が行われた。次に当初のプロジェクトの情報公開原則の合意も踏まえて、環境総局による地域住民説明会の開催と報道機関等への情報の一般公開がなされた。

　住民説明会では（写真4-5）、ラプラタ湿地周辺のコミュニティ住民が招待され、現地の集会所で開催され環境総局長らが説明に立ち、水銀汚染発見の経緯と現状、想定される環境リスク、汚染対策の方針、湿地立ち入りについて制限を加えることなどを説明した。住民からは、同湿地への立ち入りが制限されることによる河川へのアクセスの代替措置などの質問と要求が出て、汚染企業負担で代替の生活道路の設置が報告された。この説明会と並行して全国への水銀汚染調査結果および対策に関する情報公開が行われ、ラプラタ湿地の水銀汚染問題と対策が主要マスメディアによって一斉に報じられ、国内の環境問題に関する世論を大きく動かした（写真4-5）。

　この情報公開を企画し実行した環境総局の広報担当職員によれば、水銀汚染情報の一般公開の結果、社会的パニックや騒動になることを心配

写真4-5　2017年2月に環境総局がラプラタ湿地周辺の地域住民を対象にして開催した住民説明会
　　　　（左）。右写真中央は説明を行う環境総局長　　　　　　（写真はウルグアイ環境総局提供）

写真4-6　水銀汚染調査結果と対策計画に関する情報はマスメディアやインターネットを介して広く全国規
　　　　模で公開された
　　　　　　　　　　　　　　　　　　　　　　　　　　　　　　　（写真はウルグアイ環境総局提供）

し、説明方法について検討し、事前に何度も住民説明会や記者会見のリ
ハーサルを行ったとのことである。住民説明会で説得力を持って説明するう
えで重要だったのは、①水銀汚染にしっかり対応することが必要であること
を水俣病の経験を参考にして説明できたこと、②汚染対策方針案が決まっ
ており汚染源企業がその工事費負担を認めていたこと、そして、③今回の
汚染対策方法と同様のネット設置による食物連鎖・生物濃縮の遮断が、
水俣湾の底質の水銀汚染対策の1つとして行われていた方法であり経験
済みの方法であったこと、であった。第3期協力において日本の水俣病に
関する経験の詳細を環境総局のカウンターパートに共有したことが、こうした
情報公開にも生かされた。

　技術協力プロジェクトで行った水銀汚染調査の結果および対策を一般
に情報公開し、最終年度に国際セミナーを開催することとなった（次節参
照）。これは、第3期の技術協力を実施する条件としてウルグアイと日本の
間で正式に合意された事項であった（4－2参照）。この国際約束が情報
公開を推進する1つの原動力となったことは見逃すべきではない。

　　当時JICA地球環境部の担当職員であった飯島大輔はこれを振り返って言
う。『プロジェクト形成の最初の段階で情報公開原則を国際約束として協議議

事録に書き込み確認したのが非常に効果的だったと思います。やはり多くの場合、自国の環境汚染は公開をためらう傾向があるように思われ、そのために結果として問題が曖昧^{あいまい}になり、教訓も生かされなくなりますから。加えて、情報公開の合意がスムーズに進んだ背景には、これまでの二期の技術協力の実績と協力要請への迅速な対応など、ウルグアイ側のJICA側に対する信頼があったからだとも思います』

4-8　南南協力 ― 国際水銀セミナーの開催

　プロジェクト終了時の2017年3月には、第3期協力のプロジェクトの成果をウルグアイ国内関係機関および近隣諸国の関係者と共有し理解を一層深めるために、国際セミナーが第三国研修として開催された。セミナーは、ウルグアイをはじめとして、アルゼンチン、パラグアイ、チリ、ニカラグア、ペルー（オンライン参加）から約50名が参加して開催された。参加者は各国の公的分析ラボ・研究機関、中央政府環境行政官、自治体環境行政官、民間分析ラボ関係者であった。主催者は住宅土地整備環境省とJICAに加えてウルグアイ国際協力庁（AUCI）が加わり、近隣諸国の研修員招待旅費関連経費はAUCIの全額負担であり、財政面からも文字通り南南協力（ウルグアイと日本が協力して他の国を支援するということから「三角協力」とも呼ぶ）であった。日本からは専門家として、筆者および国立水俣病総合研究センターの原口浩一氏が出席し講演を行った。

　このように先行する国際協力経験を踏まえて、協力の受益国が中心となり類似した条件下にある他の途上国に獲得した知識や技術を普及する国際協力が「南南協力」である。南南協力とは、開発途上国の中で、ある分野において開発の進んだ国が、別の類似した条件下にある途上国の開発を支援することであり、「開発途上国が相互の連携を深めながら、技術協力や経済協力を行いつつ、自立発展に向けて行う相互の協力」と定義される。これはSDGsの目標17「パートナーシップで目標を達成しよう」に

おいても、「南南協力はSDGs達成のための重要な手段」と明記されている。開発課題がますます多様化・複雑化するなかで、限られたドナーや国際機関だけでは解決できない多くの問題が存在し、世界的なパートナーシップによる取り組みが必要であるためである。そして、言語や文化、気候や経済・社会条件が共通または類似している開発途上国間において、これまでの開発経験に基づく協力を行うことで、より現地の条件に合った適正な技術の移転や共有が円滑に行われ、持続可能な開発につながることが期待されるのだ。

　南米大陸では、小規模金鉱山（ASGM）の採掘にあたって非合法で水銀アマルガム法がかなり広範に用いられており、ASGM由来の水銀の世界最大の排出源となっている現状がある[128]。そこでは、今回の塩素製造工場の未処理排水によるものと類似した無機態の水銀による堆積物・水質汚染が発生しており、これらの汚染地でバクテリアによるメチル化（有機水銀化）が起こり、生物濃縮により大型魚類に有機水銀が濃集することが想定され、大きな環境問題となっている。そのため今回のウルグアイの調査分析、対策、情報公開の方法は、南米各国が今後水銀問題に取り組むうえで、1つの重要な参考事例となり得る。加えて、ウルグアイのような開発途上国を卒業しつつある経済的な中進国が南南協力に取り組むことは、これまでの支援される側から支援する側に立つことになり、これからの南米地域における援助ドナーとしてのノウハウや経験を蓄積することになると共に、自国の発展に対する自信を身につけることにもなる。

　この2017年の水銀に関する国際セミナーは中南米の参加各国から高い評価を受け（写真4-7、4-8）、継続開催の要望もあり、その後2018年、2019年、2022年、2023年とコロナ禍にあっても継続して開催されてきた（BOX⑤参照）。またASGMによる水銀汚染問題に直面しているペルーで

---

128) UNEP（2018）の世界の水銀汚染状況アセスメント・レポートによる。

写真4-7　2018年にウルグアイにて開催された水銀汚染と対策に関する国際セミナー（南南協力）の様子

写真4-8　同左、環境分析ラボでの分析法実習風景
（2018年3月筆者撮影）

は、2020年に同国環境省の独自努力で水銀に関するオンライン・国際シンポジウム（SIN MERCURIO）が開催され、ウルグアイの第三国研修のネットワークのつながりがさらに拡大し、筆者もこのシンポジウムの講師の1人としてオンライン講演を行った。

　　短期専門家として現地のセミナーに参加した国立水俣病総合研究センターの水銀分析技術研究室長の原口浩一は次のように語る。『ウルグアイの環境分析研究所の皆さんが短い期間に水銀分析の多くの課題をクリアされ、活発に分析を続けておられるのは素晴らしいことだと思います。国立水俣病総合研究センターでは、水俣条約の実施推進のために世界各国の水銀分析を行う研究機関と連携して、水銀分析用の標準資料の提供や分析性能試験[129]を行っており、ウルグアイもこのネットワークに参加されています。国立水俣病総合研究センター創立40周年記念事業のセミナーではウルグアイの環境分析研究

129）国立水俣病総合研究センター。http://nimd.env.go.jp/activity/international_contribution/promotion/

所のナタリア・バルボッサ所長が来日され講演をしていただきました。[130]　ウルグアイが今後中南米のハブの1つとして活躍されることを期待しており、私たちも技術面での支援を続けていきたいと思っています』

　開発援助委員会（DAC）のODA受取国リストを卒業したウルグアイは、近年、他の中南米諸国に対する南南協力の実施に積極的な姿勢を示していることから、JICAはこれまでの協力成果を活かし、振興ドナーとしてのウルグアイと共に南南協力／三角協力を積極的に推進しています。

　ウルグアイ政府は、「モンテヴィデオ首都圏水質管理強化計画調査」「サンタルシア川流域汚染源・水質管理」「ラプラタ川沿岸部の水銀モニタリング・環境対策支援」といった長年にわたる日本の協力により培われた技術、ノウハウ、経験を活かして、その成果を近隣諸国と共有し、各国の河川流域の水質管理の改善のためのアクション・プラン作成を担う人材の能力強化を目的とする「技術協力（第三国研修）」を2020年に日本に対し要請し、2年間の実施が決定しました。

　初年度（2021年度）はCOVID19の影響によりオンラインのみの実施となりましたが地域セミナー（第三国研修）を開催し、8カ国から参加がありました。2年度目（2022年度）はウルグアイにおいて対面方式で第三国研修を開催することができ、7カ国から参加があり、活発な情報・意見交換がなされ、域内協力の有効性・重要性に対する認識が高まりました。両年度とも日本の専門家による講演をオンラインで実施し、最新の情報や知識のアップデートが行われたことは関係者にとって非常に大きな学びとなりました。この第三国研修においてウルグアイ

130）同上。http://nimd.env.go.jp/kikaku/nimd_forum_2018_1.html

の河川流域管理・水銀汚染対策に長らく携わってこられた専門家にも講演を行っていただけたことは、JICA協力のフォローアップ・継続性の観点でも非常に効果的でした。第三国研修を通じて培われた域内ネットワークは自律的に広がりをみせており、各国の技術者間での情報交換が進められています。自然環境の変化とそれに伴う農業用水の不足や生活用水の質の低下が毎年のように発生する状況において、河川流域管理・水質管理の重要性が一層強く認識されるようになり、中南米地域において当該分野で多くの協力実績を有する日本／JICAに対して継続的な支援の要望があります。河川は国を超えてつながっていることから地域の共通の課題として取り組む意義は高く、ウルグアイのみならず域内に裨益する協力が求められています。

（JICAウルグアイ支所長　山本美香）

4－9　高濃度水銀廃棄物処理をどうするか？

　第3期の技術協力の主たる対象は、行政機関や流域委員会が大きな関心を持つ公共水域の河川湿地であった。しかし、民間企業が所有する工場敷地および施設については対象とはならない。もちろん、第2期の協力で強化を図った「汚染源管理」という側面では、水銀の保管状況や場内の排水の立ち入り検査、プラント・オペレーションの監視は行えるものの、規則に準じて管理され外部に影響を及ぼさない限り、行政による介入はできない。

　しかし、例えば今回水銀汚染源として認めた塩素製造工場にしても場内の倉庫一棟には大量の高濃度水銀含有汚泥が保管されている（写真4-10）。また今後プラントの製法転換によって発生することが予想される水銀電極法プラント自体の解体・廃棄材の発生も見込まれる。こうした高濃度水銀汚染の固形廃棄物（産業廃棄物）をいつまでも放置することはできない。

これらを今後どのように安全に留意して処理していくのかは、環境管理上の大きな懸案事項である。実のところ当初、第 3 期の技術協力ではこうした廃棄物の実態把握を含む工場内調査も計画したが、環境総局の権限に制約があり、工場内の視察を行い関係者から聞き取り調査を行ったのみであった。

　近隣国の事例となるが、ニカラグアでは同様の状況のもと水銀電極法の廃プラントを解体し、高濃度水銀汚染廃棄物をバーゼル条約の規定に基づいて輸出入の合意を取り付け、処理体制の整った欧州企業にて委託処理する方針である。ニカラグアの事例の場合、もともとプラント建設の投資にあたって国際金融機関の支援を受けていたため、高濃度水銀汚染物についてもこの国際金融機関の支援を受けられる見込みがあるが、先進国に輸送しての委託処理は高コストであるため、どこでも適用できるわけではない。ウルグアイにおいても、高濃度水銀汚染物・廃棄物の処理については、生産者責任と汚染者支払原則に基づき基本的に民間企業がその責任において実行しなければならない。

　高濃度の水銀を含有する固形廃棄物の処分に関しては、その後ウルグアイ国内の民間の投資により管理型の産業廃棄物処分場が国内で稼働

写真4-9　サンタルシア河岸に建つ水銀電極法の塩素製造工場全景。手前は水銀汚染湿地　　　　　　（筆者撮影、2016年）

写真4-10　これまでの水銀電極法プラント操業で蓄積された高濃度水銀廃棄物・汚泥は工場構内に保管されている
　　　　　　　　　　（筆者撮影、2015年）

を開始したため、こうした処分場を活用して処理していく方向だが、水銀汚染物・廃棄物の回収、中間処理、安全な保管に関しては今後の課題として残されている。

第5章

流域管理から地球環境へ

5－1　20年の歩み

　サンタルシア川流域の水質管理に関する20年間の協力の歩みをまとめると、以下のようになる。

　（1）本協力を行うにあたってウルグアイ政府が期待していたことは、当時水質の劣化が進みつつあったサンタルシア川流域の水資源の持続可能利用のために、河川水質を適切に管理し安全な水の安定的な確保を行いたいということにあった。ウルグアイ憲法の改正のもと政府がその責任を負うことが明確化され、ウルグアイ政府機関が自らの力で流域単位の水質管理を行う、すなわち水質管理に係る対処能力強化（キャパシティ・ディベロップメント）の課題が出てきた。これを支援するために、まず現状を調査し、能力強化のマスタープランが策定された。これが第1期協力の開発調査であった。

　（2）このマスタープランを踏まえ、第2期協力の技術協力プロジェクトでは水質モニタリング評価と汚染源管理に焦点を絞り能力強化を図った。それは個々のウルグアイ政府職員や地方行政職員の能力強化のみならず、組織マネジメント、技術能力の向上、組織間の調整と連携、制度開発、社会のレベルの意識啓発、情報公開、市民参加といったことを含んでいる。また、この時期には、米州開発銀行による施設建設・機材導入などが同時並行で実行されて相乗効果が生まれ、水質管理の実施体制が強化された。

　（3）第2期協力ではサンタルシア川流域委員会の組織化までには至らなかったが、ウルグアイ政府は独自に制度改革や調整、組織化の努力を続け、第2期協力プロジェクト終了後2年余りで流域委員会の発足にこぎつけ、さらに全国14の流域委員会の体制が構築された。サンタルシア川流域委員会のもと定期的な水質モニタリングが官民で続けられ、水質モニタリング情報が集約されて解析されるようになったが、この過程でサンタルシア川下流域の河川湿地帯に水銀電極法塩素製造工場の産業排水に由来

する高濃度水銀汚染が発見された。

　（4）第3期の技術協力はこの河川湿地帯の水銀汚染の調査と対策に焦点を当て、詳細調査、汚染源の特定、総水銀・有機水銀分析、環境リスクの評価、対策計画の策定、情報公開と住民合意形成という一連の水質汚染対策プロセスを実行した。この際、情報公開原則、予防原則、汚染者支払原則といった汚染に対処する基本原則が適用され、1人の被害者もなく、深刻な係争も起こさず、汚染を封じ込めることができた。この経験は水銀のみならず、今後も河川流域の水質管理を進める過程で発見されるかもしれない水・環境汚染への対策のモデル事例を経験するものでもあった。

　（5）以上のウルグアイ環境総局および関係機関の経験は、類似した条件や課題を抱える近隣の中南米諸国にも、南南協力としての第三国研修セミナー・ワークショップの開催を通じて共有されつつある。

　　環境総局のガブリエル・ヨルダは20年間のJICAとの協力事業を振り返って以下のように指摘する。『JICAとの協力を通じて、それまでの私たちの環境行政業務のほとんどが秩序ある方法では実行されていないことに気づきました。環境モニタリングを行いその結果を評価するという私の直接担当した業務から見ても、JICAの技術協力はいくつかの側面でこの改善に触媒的な役割を果たし、その結果、適応型マネジメントを確立することができたと私は思います』

5－2　水質はどう改善されたか？

　第1期および第2期協力を通じて、目標としていた統合的流域水質管理体制は次第に整備されていったが、この期間にサンタルシア川流域の水質はどのように改善（あるいは変化）したのだろうか？環境総局は、水質デー

図5-1　サンタルシア川流域の水質（電気伝導率
　　　　（Conductividad;上図）および生物化学
　　　　的酸素要求量（BOD;下図））の2005〜
　　　　15年の地点別年平均値の推移

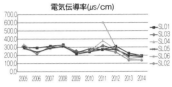

電気伝導率(μs/cm)

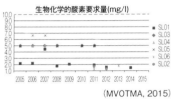

生物化学的酸素要求量(mg/l)

（MVOTMA, 2015）

図5-2　サンタルシア川流域の水質（亜硝酸態窒素
　　　　（Nitrite;上図）および全リン（PT;下図））
　　　　の2005〜15年の地点別年平均値の推
　　　　移

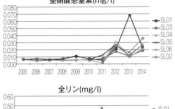

亜硝酸態窒素(mg/l)

全リン(mg/l)

（MVOTMA, 2015）

タベース・システムでの代表的な6地点での定点観測結果に基づき2005[131]年から2015年までの年平均水質の経時的変化を検討した。これによれば、サンタルシア川流域の河川水の水質変化の大局的な傾向として2つの特徴が認められる。

第一は、電気伝導率（EC）および生物化学的酸素要求量（BOD）は、2005年から2015年に年を経るに従って次第に減少していく傾向を示すことであり（図5-1）、これは水質改善の傾向である。第二は、それにもかかわらず、亜硝酸態窒素（Nitrite）および全リン（PT）は全体として増加していく傾向を示し、特に2010年以降その傾向が顕著である（図5-2）。これは富栄養化などの水質低下[132]の傾向である。

河川の水質変化は、さまざまな要素の複合的な要因から起こり単純化は

131）環境総局は2005年から2015年までの収集したすべての水質モニタリング資料を総括
　　し、定点観測として追跡が可能なモニタリング地点のデータを抽出し解析した（MVOTMA,
　　2015）。

132）Jimena Alonso et al.（2020）, Castagna A. et al.（2019）, Aubriot, Luis et al.（2017）な
　　どによっても指摘されている。

できないが、第一の傾向は、工場査察等を通じた産業排水（特に皮なめし工場の六価クロム含有排水）の規制や処理の進行による高濃度汚染水の流入の減少、および都市下水や廃棄物浸出水の処理等による高濃度有機物汚濁水の流入の減少、すなわち全体として点汚染源のコントロールが進んだことが水質改善の傾向に寄与していると考えられる。一方、第二の傾向である亜硝酸態窒素および全リンの増加傾向は、流域における急速な農牧業拡大のもと、主としてリン酸や窒素などの農業用肥料、そして牧畜の屎尿や排水が、面源として河川水を汚染していることを示しており、これらの面汚染源をコントロールしきれておらず、河川流域の富栄養化の要因となっていることを示していると考えられている。

　以上の河川水質の10年間にわたる変化は、プロジェクト（第1期協力2004-2006年および第2期協力2007-2011年）を通じた水質管理能力向上のインパクトを示していると考えられ、水質汚染の点源の規制ということでは個別の工場の汚染源査察・指導や下水排水処理のためのインフラ整備を通じて改善され、それが電気伝導度や生物化学的酸素要求量の漸進的低下傾向に反映していると考えられる（図5-1）。

　一方、亜硝酸態窒素や全リン等の増加傾向は（図5-2）、農牧業開発の拡大に由来する面汚染源の汚染対策が進んでいないことを示している。これらの物質は、もともとは、窒素、リン、カリという肥料の基本的な3要素のうちの2つを占める農作物にとって必須の物質であるが、水域に過剰に流入すると富栄養化を引き起こす。流域委員会の行う統合的流域管理においては単なる水質管理に留まらず、そのおおもとの土地利用や開発などの水質汚染の負荷の発生部分の制御という点でも役割を果たすことが期待されるが、それがいまだ不十分であることを示している。

　2019年に公表されたその後の5年間（2015-2019年）の水質モニタリングの解析結果によれば、2015年までの水質変化の状況と類似し電気伝導度は低下傾向、全窒素濃度は多くの地点が引き続き増加傾向を示すもの

図5-3　サンタルシア川流域の水質（全窒素（NT）;左図Aおよび全リン（PT）:右図B）の2015～2019年の地点別年平均値の推移。横破線はそれぞれ環境基準値を示す

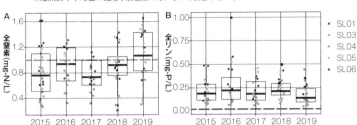

（MVOTMA, 2019）

の、全リン濃度についてはほとんど増加を示さず、わずかに減少に転じた地点が認められ（図5-3）、農業セクターへの指導の強化を含む統合的水質管理の効果が出始めている可能性がある。しかし濃度の絶対値は全窒素で環境基準前後の値を示し、全リンでは環境基準を大きく超過していることから、今後も水質管理の最重点課題となっている。

　ところで「窒素とリンの汚染」は、惑星限界（プラネタリー・バウンダリー）[133]の議論における地球環境の9つの指標（気候変動、海洋酸性化、成層圏オゾンの破壊、窒素とリンの汚染、グローバルな淡水利用、土地利用変化、生物多様性の損失、大気エアロゾルの負荷、化学物質による汚染）の1つとして位置づけられている。そして、「窒素とリンの汚染」の指標については、すでに地球が持つレジリエンス（回復力）の限界を超えてしまっており不可逆的変化が起こり得るのではないかとも指摘されている。特に高濃度の全リンについては、化学肥料の施肥が主たる原因と考えられているが、現状ではリンの河川への流出は再生不可能な資源（農業生産などに不可欠のリン資源）の枯渇化としても捉えねばならぬ問題でもある。

133）惑星限界（プラネタリー・バウンダリー；Planetary boundaries）は、人類が生存できる限界（プラネタリー・バウンダリー）を把握することにより、壊滅的変化を回避できるのではないか、限界（臨界点）がどこにあるかを知ることが重要であるという考え方。国連の「持続可能な開発目標（SDGs）」に大きな影響を与えた（ヨハン・ロックストロームほか , 2018）。

この問題は、ウルグアイにおいて流域水資源管理のみならず持続可能な環境に配慮した農牧業の開発をどのように進めていくのかという国家レベルの開発計画、あるいは地球全体としての資源保全の課題として残されている。

5－3　人間社会と自然システムの統合

以上の、第1期協力から第3期協力、そしてその後のウルグアイの独自努力による20年余りの発展を通して、コモンズとしてのサンタルシア川流域の認識が深まり、統合的流域管理での人間社会システムに関する統合（図5-3の縦軸）と自然システムに関する統合（図5-3の横軸）[134]が進み、流域委員会の形成と統合的流域管理が実現してきた。その過程では以下の人間社会システムと自然システムの2つのカテゴリーでの統合が進められた。

1）人間社会システムに関する統合のための協力支援（流域管理に係る組織制度改革、法制度基準制定、組織間連携、参加促進、情報公開、ガバナンス、流域管理、場の構築、流域委員会形成に向けた取り組み）

2）自然システムに関する統合のための協力支援（流域の水質モニタリング、データベース構築、分析技術導入、アセスメント、シミュレーション、汚染メカニズム解析、生態系インパクト解析、情報から知識への知識創造プロセス導入）

これらが相互に組み合わされて流域委員会が結成され、統合的流域管理に向けて具体的に動き出したといえる。図5-3はこのようなプロセスを人間社会システムに関する統合と自然システムに関する統合の相互作用として捉え、図式的に示したものである。

第1期から第3期の協力のもと、ウルグアイ当局自身の水質管理改善の

134）高橋裕「水資源の統合管理の概念整理」の定義に基づく。文部科学省ホームページ https://www.mext.go.jp/b_menu/shingi/gijyutu/gijyutu3/shiryo/attach/1286923.htm

ための努力の全体をサンタルシア川流域の統合的流域管理システムの形成プロセスとして見るならば（図5-3）、当初の①「無管理・分散利用」（左下の第3象限に位置する）であった状態が、縦軸の要素である人間社会システムに関する統合の強化と、横軸の自然システムに関する統合の強化によって、流域コモンズの②「統合的流域管理」（右上の第1象限の方向）へ次第に発展していく。

　すなわち、（1）2000年代の初頭から断片的に水質汚濁が知られるようになり、（2）それが水質モニタリングや汚染源管理のための水質管理機関の能力強化や計画策定といった対応を生み、（3）その結果として広域の水質汚染の実態が明らかとなり、（4）流域単位の水質管理の必要性が認識されて法制度や行政組織が改変され、（5）このもとでデータベース構築、汚染シミュレーション、汚染源の実態把握が進み、（6）その結果を踏まえて流域全体の関係者への情報共有や意識啓発が進み、（7）流域委員会が結成され、（8）水質管理に対する具体的な施策（水銀汚染対策を含

図5-3　統合的流域管理における人間社会システムの統合（縦軸）と自然システムの統合（横軸）の関係
　　　　ボックス矢印は第1期協力から第3期協力における主たる自助努力・支援協力要素。

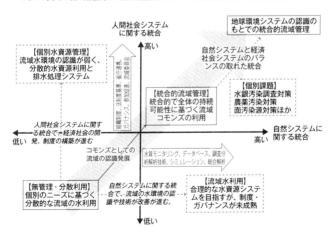

む）が進められた。

　さらには流域全体としての水質管理制度・組織体制の発展を促し、発展した水質管理制度・組織体制がさらに自然システムの認識を深めていくという相互作用が起こり、結果、自然システムに関する統合と人間社会システムに関する統合の両者が段階的にバランスをとりながら高くなっていき、統合的流域管理の実現に向けて発展してきたといえる。

　ただし、このようにして発展してきたサンタルシア川の統合的流域管理は、水質管理を主たる切り口として発展してきたのであって、水資源の利用（あるいは給水）を含めた総合的な水資源管理の確立という切り口ではまだ緒についたばかりの段階であり、安全な水の持続可能な供給と利用、そのための環境に配慮した流域の開発をどう進めていくのかといったことについては、多くの課題が残されている。さらには、今後は、③「地球環境システムの下での流域認識による環境ガバナンス」という段階での、より大きな地球環境システム全体のスコープでの流域管理の発展が期待されているのではないか。次節では、第3期協力終了以降のウルグアイの動向を概観しながら、こうした課題について考えてみたい。

BOX ⑦　現地事務所員の目

　私は第1期協力の行われていた2005年からJICAウルグアイ支所の現地所員（ナショナル・スタッフ）として関わってきました。サンタルシア川流域水質管理の技術協力は、ウルグアイの全人口の60%に飲料水を供給するサンタルシア川の水資源の重要性を認識したウルグアイ政府の要請に対して、日本政府が必要性を妥当と判断して始まった協力でした。当初は、ウルグアイ側の技術的能力の欠如、人材不足、インフラの不足、組織間のコミュニケーション不足といった困難に直面し、JICA専門家の皆さんも大変苦労されたと思います。しかし、環境総局などのウルグアイ側の担当者がサンタルシア川の流域水資源管

理はウルグアイにとって極めて重要な課題であると強く認識していたことからプロジェクトは進められ、その終了後も水質モニタリングは継続的に実施されていきました。その過程で水銀の汚染が見つかり、その調査分析そして対策方法に関する技術協力もJICAが行いました。プロジェクト協力期間中には、日本人専門家によるウルグアイ側担当者に対する技術や知識の移転、ウルグアイ担当者の日本での研修が行われました。それだけにとどまらず、その経験をウルグアイが他国に移転できるまでになり、その結果、ウルグアイ担当者の高い技術能力を近隣諸国に示すことになりました。現在、有機水銀の分析能力は完全に確立され、環境省環境分析研究所で実施しています。

　ウルグアイでは2023年に未曾有の干ばつで水危機が生じ、一般住民にも水の管理と保全の重要性が改めて認識されました。今後もウルグアイでは水資源管理、そして人々が安全な水を得られるようにする取り組みが加速していくと考えられます。ウルグアイに対する協力の強みの1つは、政権や大臣の交代があっても環境政策は維持され、国の水質管理に関する活動（環境アセスメント、モニタリング、調査分析など）が安定的に継続されること[135]です。現在では、日本（JICA）がウルグアイの環境問題の解決に貢献してきたことがウルグアイ国内で広く認識され高く評価されています。私はこのようなプロジェクトに関われたことを嬉しく思っています。

（JICAウルグアイ支所ナショナル・スタッフ　廣井なおみ）

135）中南米諸国の多くでは政権や大臣の交代などが起こると省庁の中核的職員が総入れ替えとなり政策も大きく変更されるが、そうしたことと比較して環境政策のブレがないウルグアイの強みを指摘している。

5－4　有限の水資源と気候変動

　本稿執筆中の2023年6月、世界のマスメディアは南米大陸の南部地方[136]を中心に極端に雨が少なくなり、各地で干ばつの被害が深刻化していると一斉に報道した。降雨の減少は2022年8月にブラジルで始まり次第に南下しウルグアイ、パラグアイ、アルゼンチン北部に波及してきたものとされている。これらの地域では、気候の確率的に50年に1度またはそれ以下（専門的な用語で言うと標準化降水指数が-2.0以下）を示す極端な渇水状態となった[137]。この結果、ウルグアイ史上実に74年ぶりとなる記録的な干ばつに見舞われ、もともと南米で水資源が最も豊かな地域の1つであったにもかかわらず、首都圏と周辺地域に水を供給するサンタルシア川流域の2つの貯水池の水がほぼ枯渇し緊急事態宣言が発令された。モンテヴィデオ首都圏では、緊急避難的に大西洋に接続するラプラタの汽水を混ぜて水道水を供給せざるを得ず、飲用には適さない塩分濃度の高い水が給水されたのだった。しかし住民の日々の飲料水にも事欠く状況となり、国連はこの事態を受け住民への飲用水の供給を最重点とするよう緊急の呼びかけを行った[138]。この干ばつで、飲料水の不足のみならず小麦や大豆など国の経済を支える穀物の生産も大打撃を受け、通貨の下落や年率換算114％（2023年5月時点）にも達するというインフレが経済や市民生活に大きな影響を及ぼしつつあるという。このような干ばつは異常であり稀にしか起こらない現象なのだろうか？

　干ばつやその結果としての砂漠化の要因については地域条件に差があり諸説あるが、一般には、「気候的要因」と「人為的要因」の2つが挙

136）NHKニュース；ウルグアイ74年ぶり記録的干ばつ　首都に水不足の緊急事態宣言（2023年6月25日）。https://www3.nhk.or.jp/news/html/20230625/k10014108511000.html

137）Toreti et al.（2023）による。ここで言う「標準化降水指数」（Standardized Precipitation Index（SPI））とは降水量の確率頻度を正規分布に対応させ、その標準偏差で規格化した値であり、2023年のウルグアイのSPI<-2.0とは、現象の頻度が「50年に1回以下」の極端な乾燥に該当し、社会的影響が非常に大きい干ばつであることを示している。

138）国連の電子ニュース配信による速報（UN News, 13 July 2023, Human Rights　https://news.un.org/en/story/2023/07/1138687）。

げられている。「気候的要因」とは、気候変動に由来する降水量の減少
や乾燥化などであり、先に述べた標準化降水指数に示される。一方、「人
為的要因」とは、水環境や生態系の許容限度を超えて行われる人間活動
に由来する水資源の枯渇であり、例えば、農業牧畜面積の過剰な拡大、
家畜による過放牧、都市域の過大な拡張、その他の開発行為による持続
不可能な土地管理が主な要因である。こうした人為的な要因は、人口増
加、土地所有の変化、農業や水利用産業の拡大、市場経済の進展、貧
困などのために生じると考えられている。ただし、「人為的要因」である温
室効果ガスの排出によって地球温暖化と気候変動が引き起こされ、それが
「気候的要因」となることを忘れてはならない。ここで言う気候的要因と人
為的要因は単純に並列されるものではなく、相互に密接に連関したもので
あり、両者が複合して干ばつや砂漠化は発生する。

　ウルグアイの場合、高度経済成長のもと食肉、大豆、米、木材パルプ
等の大規模増産と輸出振興策が取られており、河川表流水の水資源の
87％が農林業の灌漑用水、11％が民生用の水道水源、そして2％が産
業用水に使われているとされる。そのため結果として、飲料水の総量の約
50倍の水（2019年実績による推計）が、農林・畜産業や各種産業での
生産のために使われており、このような状況の下で降水量が減少した場合、
本来人間の生存に直結する飲料水の不足に拍車がかかると指摘されてい
る。結局これは河川流域の水資源をどのように利用して持続可能な開発と
していくのか、ウルグアイの国家としての開発政策を現在のような農林畜産
物の輸出振興にひたすら力点を置いた水資源・利用政策にしてよいのか、
という問題でもある。

　これまで述べてきたサンタルシア川の流域委員会の場合、特にこの国民

---

139) 例えば、環境省自然環境局ホームページ「砂漠化する地球－その現状と日本の役割」(https://www.env.go.jp/nature/shinrin/sabaku/index_1_3.html)での解説。

140) UN Water Action Hub (https://wateractionhub.org/geos/country/233/d/uruguay/)

経済的な視点での持続可能性については、十分には議論されていない問題であった。持続可能な開発を目指しつつも、開発と環境のバランス、国民経済の発展をどのように位置づけるかというとき、有限の水資源というよりも、無尽蔵に近いイメージで水資源を捉えてきた面があったのは否めない。確かにサンタルシア流域を含むウルグアイは南米大陸の中で豊かな水資源があるとされてきた。そのためもあって、政府の基本的な経済政策として、輸出品の主力である米や大豆などの農作物、木材パルプ、そして食肉など、いずれも流域において大量の水を使う生産物の大規模事業化や収益性の拡大を推進していた。いわゆるバーチャルウォーター[141]（仮想水）の輸出振興策である。

　バーチャルウォーターの議論は、世界全体での水資源の分配について乾燥帯に位置する国の食糧輸入に関する議論から生まれた概念で、食料を輸入している国（消費国）において、もしその輸入食料を自国で生産するとしたら、どの程度の水が必要かを推定したものであり、ロンドン大学の農業経済学者のジョン・アンソニー・アラン（またはトニー・アラン）が導入した概念である。例えば、1kg のトウモロコシを生産するには、灌漑用水として1,800 リットルの水が必要である。同様に米は3,700リットル、大豆は2,500リットルである。牛はこうした穀物を大量に消費しながら育つため、牛肉1kgを生産するには、その約 20,600 倍もの水が必要である[142]。つまり、輸入国は海外から穀物や食肉などを輸入することによって、その生産に必要な分だけ自国の水を使わないで済んでいる。言い換えれば、食料の輸入は、間接的に水を輸入していることと考えることができる。

　日本を例にすると、よく知られているようにその食料自給率は低く輸入に頼っているため、とりもなおさずバーチャルウォーターの輸入国であり、日本人は海外の水に依存して生きているといえる。つまり、海外での水不足や

141) Tony Allan (2011)。
142) バーチャルウォーター量一覧表。https://www.env.go.jp/water/virtual_water/vw_itiran.pdf

水質汚濁等の水問題は、日本と無関係ではない。環境省および東京大学の沖大幹教授の試算によれば、2005年において、海外から日本に輸入されたバーチャルウォーター量は、実に日本国内で使用される年間水使用量とほぼ同程度の規模（約800億m³）になるという。[143] 本書の第1章でもふれた第3回世界水フォーラムを開催する意義を考える段階でも、海外から大量の食料や物資を輸入している日本は水もまた海外に依存していることになるのだから、世界の水問題を日本で広く議論することが必要なのだという論理に基づき、当時バーチャルウォーターの議論がアジェンダになったという。[144]

　輸出国ウルグアイに話を戻そう。ウルグアイは農牧業の開発を進め、大規模化を図り、農業畜産品を輸出の主力として振興してきた。この多くはサンタルシア川流域における水資源をバーチャルウォーターとして輸出していることに等しい。サンタルシア川の流域管理委員会は、国民経済上の利益を生み出す輸出振興政策を進めるだけでなく、こうした全体の水資源のバランスを考え持続可能な水資源を形成することが本来の役割であった。しかし、結果として官公庁が主導して進められてきた流域管理委員会は、国の開発政策を推進してきた側面が強い。サンタルシア川流域は歴史的に水の豊かなところであった。しかし無尽蔵ではなく水資源は有限なのである。仮に気候変動により降水量が急減すればたちまち干ばつになり、飲料水にも事欠く、それが2023年に不幸にして的中したのだった。

　日本の独立行政法人農業工学研究所の丹治肇と山岡和純は、[145] すでに第3回世界水フォーラム（2003年）の当時、そうした視点を踏まえ、輸入国において食料輸入に伴いバーチャルウォーターが輸入されその結果水資源に余裕ができたにもかかわらず、水資源利用の転換がなされず食料の輸入が水資源の有効利用につながらない場合を、「悪いバーチャル

143）環境省ホームページ：バーチャルウォーター。https://www.env.go.jp/water/virtual_water/
144）沖大幹（2008）。
145）丹治肇・山岡和純（2004），Stephen Merrett（2003）。

ウォーター」と呼んだ。同じように、ウルグアイのような輸出国においても、水資源の枯渇につながるような過剰な輸出作物や畜産は持続可能性を危うくし、「悪いバーチャルウォーター」となる。一般的に貿易は相互に利益をもたらすものであり、バーチャルウォーターによる水資源の貿易そのものが一切否定されるというわけではない。地球上には乾燥帯もあれば湿潤帯もあり、人類が生存のために限られた水資源を貿易により分かち合っていくことはあり得ることだ。しかしそのことが気候変動のもと水資源の安定性を奪い枯渇を生み出すことは避けねばならない。輸出国側および輸入国側の双方に、水資源の持続可能性への好ましくない影響が発生することは避けねばならないのだ。

つまり、これから人類が迎える人口100億人の気候変動の時代に、地球という惑星システム全体の維持可能性のためを考えた人間の活動、経済社会政策を考えねばならないということだ。それは、結局のところ「持続可能な開発に関するハーマン・デイリーの3原則」（BOX⑧参照）を貫くということである。

BOX ⑧　持続可能な開発に関するハーマン・デイリーの3原則

「持続可能な開発」（サステナブル・ディベロップメント）とは、環境と開発に関する世界委員会（委員長：ブルントラント・ノルウェー首相（当時）、委員の1人として日本の大来佐武郎元外相が参加）が1987年に公表した報告書「Our Common Future」の中心的な考え方として取り上げた概念で、「将来の世代の欲求を満たしつつ、現在の世代の欲求も満足させるような開発」と定義されている。この概念は、環境と開発を互いに反するものではなく共存し得るものとして捉え、環境保全を考慮した節度ある開発が重要であるという考えに立つものである。これに対し、米国の著名な環境経済学者であるハーマン・デイリー

（メリーランド大学、世界銀行シニアエコノミスト）は1996年に持続可能な開発のための3つの基本原則を提唱した[146]。それは以下のように要約され、持続可能な開発に関する「ハーマン・デイリーの3原則」として広く知られている。

(1) 再生可能な資源の消費速度はその再生速度を上回ってはならない

(2) 再生不可能資源の消費速度はそれに代わり得る持続可能な再生可能資源が開発されるペースを上回ってはならない（この原則は「再生不可能資源の消費を抑え、再生可能資源にシフトしていく」ことを含意する）

(3) 汚染の排出量は環境の吸収量を上回ってはならない

　これらの原則は、持続可能な発展のためには、自然資本の維持・環境保全だけが重要であるということを述べているのではなく、自然資本を適切に管理し、その環境基盤の上で、人工的な社会資本や人的資本を適切に構築して経済行為を営むことにより人々の幸福が確保されるという考え方が含まれている。

　河川流域の水環境にこのハーマン・デイリーの3原則を適用してみると、(1) では、流域における総流入量（降水量や人間による排水など）と総排出量（海域への流出や人間による水利用など）の流域水収支のバランスが崩れない程度に流量（スループット）が維持され、過大な水利用が制限される必要があることを示している。(2) では、流域における再生不可能資源として、水の再生・循環空間としての流域の土地・地圏・気圏や生態系などの維持を挙げることができる。一方 (3) では、排水中の汚染物質の総量が、流域に存在する地質や水理メカニズム、微生物などの生

146) Herman E. Daly（1996）Beyond Growth: The Economics of Sustainable Development, Beacon Press, Boston, ハーマン・デイリー（聞き手・枝廣淳子）『『定常経済』は可能だ』。

態系サービスによる浄化能力および希釈能力を上回ってはならない、ということを示しているのではないか。

　第1期から第3期協力にいたる過去20年の活動は、主として水質管理に着目したものであり、本来有限である流域水資源の利用や給水という点では、量的なコントロールが必ずしも十分ではなく、持続可能性に問題があることを2023年の干ばつは示したといえる。そして、このような文脈のもとで形成された流域委員会は、まだ十分に役割を果たしているとはいえないのだろう。

　一方、気候変動（「人為的要因」と「気候的要因」の複合）に着目し、地球温暖化の影響により地域によって今後どのように降水量が変化していくのかを予測することは、地球温暖化に対する長期的な対策を各地域で検討するうえで重要な判断材料となる。いわゆる気候変動に係る「適応策」[147]の検討である。

　昨今はさまざまな異常気象と呼ばれる現象が世界で頻発しているが、特に水資源や農業、エネルギー分野においては、従来の統計値や経験が設計や施策に適用できなくなってしまう可能性が出てきており、それをある程度把握しておくことが非常に重要である。今日、高速シミュレーターを駆使した気候変動予測は日進月歩の様相を呈するが、日本の国立環境研究所を中心とする国際研究チームは、数値モデルを用いて河川流量の全球将来予測データを解析し、世界全体で干ばつが発生する頻度を研究し、過去最大を超える干ばつが何年も継続して起こるようになる。つまり「これまでの異常とされていたものが常態化してしまう時期」を世界で初めて推定し、2022年6月に国際誌に発表し大きな話題となった[148]。その国際共同研究結果によ

---

147) 気候変動対策には「緩和策」「適応策」という2つのアプローチがある。「緩和策」は温室効果ガスの排出を減らすもしくは吸収を促進することを目指す対策である。一方、「適応策」は気候変動による被害を回避もしくは軽減させることを目指す対策である。

148) Yusuke Satoh et al.（2022）による。『近い将来に世界複数の地域で過去最大を超える干ばつが常態化することを予測』https://www.nies.go.jp/whatsnew/20220628/20220628.html

ると、中東および地中海沿岸域、メキシコ中米、南米大陸中〜南部地域では、21世紀の前半もしくは半ば頃までに、過去最大の干ばつを少なくとも5年以上継続して超える時期を迎え、「74年ぶり」といわれたような「異常な干ばつ」が、近い将来それほど珍しいものではなくなってしまう可能性が高いと予測されている。それぞれの領域での干ばつ頻度が過去の参照期間（1865-2005年）の最大値を継続して何年も超過するようになる「前例のない干ばつが続く最初のタイミング」（Time of First Emergence of consecutive unprecedented drought）の頭文字をとってTFEと呼ぶが、その数値モデル予測によればまさに2023年に襲ったウルグアイの干ばつは不気味に的中し、ウルグアイとその周辺はレッドゾーンの1つに位置している。そうなれば今回のサンタルシア川流域の「74年ぶりの大干ばつ」は徐々に常態化していき、干ばつが頻繁に起こることも予測されるのだ。

　温室効果ガスの排出削減を強く進めた場合でも、すでに排出された温室効果ガスの故に、今後数十年のうちにそのような異常が常態的になる地域が複数あること、一方で、温室効果ガスの排出削減を進めた方が、継続的な記録超えを迎える時期が遅くなる、もしくは継続時間が短くなることも推定された。これらの結果は、脱炭素社会の実現に向けた緩和策推進の不可欠性とともに、今後気候変動の影響が甚大な地域に対する適応策を効率的かつ迅速に進める必要があることをも示している。

　今回の技術協力プログラムでは、サンタルシア川流域の水質管理、汚染源管理を通じて、流域水資源を保全するというアプローチをとった。水質管理がなされるということは水資源の効率的な利用や安全な水の供給を保証することにつながる。また、ウルグアイは、再生可能エネルギーによる電力供給が98%を占める世界でも最も持続可能な経済・環境政策を採用する国の1つであり、今後とも、再生可能エネルギー転換、技術革新、森林保全、低炭素経済を進め、世界最速である2030年までにカーボンニュート

ラルを達成することを目標としている。[149]

　ところで、ウルグアイの1990年から2021年までの時系列データにより推定した結果によると、経済成長が1%上昇すると、温室効果ガス（CO_2換算）排出量は1.16%増加する。再生可能エネルギーの使用を1%増やすことは、長期的に排出量の0.73%削減につながる。技術革新が1%増加すると排出量が0.11%削減されることを示唆し、森林面積を1%拡大すると排出量が0.56%減少する。[150]これらの政策を結合する（ポリシーのベスト・ミックス）ことによって、2030年カーボンニュートラル達成というチャレンジングな目標を達成することができるとしている。

　しかし、それでもなお、ウルグアイ一国の流域管理や経済・環境政策の強化という対処だけでは回避しえない気候変動、地球環境問題の進行という現実も直視しなければならない時期にきているのではないか。これまでの世界では、干ばつの発生の原因を気候的ファクターのみならずどちらかと言えば水資源管理（政府）の人為的な失敗として、いわばローカルに捉えられてきた側面が強い。確かに経済的利益を優先する水政策が有限な水資源の保全において負の影響を示してきたともいえるだろう。しかし、今日の気候変動問題の激甚化、地球"沸騰"の時代に至って、こういったローカルな問題と併せて地球システム自体の変動というグローバルな要因がより支配的となってきたことも考慮して適応的な環境ガバナンスを構築しなければならない。[151]2023年ウルグアイで起こった干ばつを流域管理や国の水政策のみならず、より広い視野で、地球環境の中にあるサンタルシア流域という「地球コモンズ」の目で捉えなおし、ウルグアイの気候変動・地球環境問題に対するカーボンニュートラルの達成に向けたフロントランナーとしての独

149）温室効果ガスの排出量を全体として実質ゼロにすること。日本は2050年までに「カーボンニュートラル」を目指すことを宣言している。

150）Raihan（2022）の提起した、ウルグアイでの経済開発と再生可能エネルギー利用によるカーボン・ニュートラルの2030年達成モデル。

151）適応的な環境ガバナンス（Adaptive governance）；Claudia Pahl-Wostl（2007），Micaela Trimble et al.（2021）など。

自努力は継続しつつも、前述の予測を踏まえれば、抜本的な適応策を考えねばならない段階にきているのではないか。干ばつは地球環境問題の1つの重大な帰結とも考えられ、干ばつが常態化する可能性も排除することができない以上、それへの適応を含めたウルグアイの経済・社会の構造の再編といった適応策まで含めて検討する必要が出てきているのかもしれない。

　ウルグアイにおいて流域コモンズの水質を統合的に管理する体制は過去20年で大きな発展を遂げた。しかし視野を流域に固定したままでは限界があるのだ。地球という惑星の全体としてのコモンズを管理していく必要があるのだ。

　流域管理体制の確立のために20年余り頑張ってきたウルグアイ環境省の関係者のことを思うと胸が痛い。2022年にエジプトのシャルム・エル・シェイクで開催された国連気候変動枠組条約第27回締約国会議（COP27）で議論の俎上に載った「損失と損害」（ロス・アンド・ダメージ）に通底する世界全体で考えねばならない課題といわねばならない。

　ウルグアイという日本にとっては地球の反対側にある国に対する統合的水質管理や水銀汚染問題への取り組みは、いわばローカルな環境問題、流域水質管理への協力であった。ローカルに起きるさまざまな環境問題はその国・地域の社会経済と環境の相互作用の帰結であり、当該社会の課題対処能力を向上させるための協力は今後も必要であり、場所と形を変えて行われていくであろう。しかし一方で、ローカルな環境はグローバルな地球環境とも不可分である。従って、グローバルなスコープを持つ国際協力、そのための国際社会の連帯ということも、今後ますます重要性を増してくるといえよう。

　共有資源の自主的管理の可能性と限界を追求してきたコモンズ論からのアプローチとしては、コモンズの内側に立ち、それに影響を及ぼすコモンズの外側の空間や環境へと徐々に視点を拡大し、再びコモンズの単位にまで視点を縮小する過程で、地域社会で生じるミクロな現象を地球規模のマ

クロな問題と関連づけて議論すべきだろう。[152]

　2012年6月ブラジルのリオデジャネイロで国連の「持続可能な開発会議」（リオ＋20）が開催された。これは、その20年前の1992年に同じくリオデジャネイロで開催された「地球サミット」のその後を検証し今後の経済や社会、持続可能な開発の在り方が話し合われ、SDGsについての議論が開始されたことで記念すべき国際会議であった。この会議に出席したウルグアイ大統領（当時）ホセ・ムヒカの政府代表演説が世界中から注目され、日本でも大きな話題となったことは記憶に新しい（2016年には来日している）。彼の登壇は、国名のアルファベット順になされたためセッションの終盤になされたが、それまでに行われた各国代表の演説を踏まえて、モノの豊かさ（大量生産と大量消費）をもって人間の幸福が得られると見なすかのような社会の有り様に異を唱え大きな反響を呼んだ。演説の一節には次のような言葉がある。

　『みなさんには水源危機と環境危機が問題源でないことをわかってほしいのです。根本的な問題は、私たちが実行した社会モデルなのです。そして改めて見直さなければならないのは、私たちの生活スタイルだということ』[153]

　ホセ・ムヒカの指摘は、有限の資源と地球環境を念頭に、ひたすら資源の消費と開発に突き進む今日の社会の在り方を警告し、環境に配慮した持続可能な社会を目指す社会変革の方向性と、エシカルな生活への転換の呼びかけであったといえる。こうした思いは、単に彼の個人的な思いを超えてウルグアイの幅広い国民の志向を示すものでもあるように思う。

---

152) 三俣（2010）は、環境資源、物質循環、管理制度、それぞれの関連を捉える作業（階層間を往復する作業）が重要と指摘している。

153) ホセ・ムヒカ大統領がリオ＋20会議で行ったスピーチ全文から抜粋した。https://logmi.jp/business/articles/9911

BOX ⑨　ウルグアイ環境省の元カウンターパートからの近況報告─その後の発展

（1）流域水質管理および水銀汚染対策

　JICAとの第2期協力以降、サンタルシア川の水質管理分野で多くの進歩がありました。

　1）サンタルシア川流域委員会の第1回会合は2013年6月21日に開催されましたが、現在までに合計22回の会合が開かれてきました。この結果、流域委員会の構成は、政府9省庁・組織、8県市、市民社会代表19団体、大規模水利用者21団体に広がっています。現在、国内では水路、流域、沿岸のラグーンが監視されており、対象は14流域におよびます。

　2）サンタルシア川流域計画[154]を策定しました。この文書は、統合的な流域水管理に関して、官民のさまざまな主体の行動を導くための政治的・技術的な文書です。この文書は、地域の持続可能な開発に必然的に寄与するものであり、柔軟かつダイナミックで秩序あるものでなければならず、適応的管理の論理を適用し、短期・中期的に開発されるプロジェクトと、すでに実施中のアクションを明確にするものです。また、サンタルシア川流域管理行動計画が策定され、2つの流域行動計画が作成され流域回復のための対策が示されました。

　3）ラプラタの水銀汚染湿地については、高濃度汚染地区を隔離するためのフェンスネットが汚染者企業の負担で敷設されましたが、技術協力終了後もこの周辺のモニタリングを継続しています。東側に小規模の汚染が認められたため、現在フェンスの隔離域を拡張することを検討中です。

154）サンタルシア川流域計画。(https://www.gub.uy/ministerio-ambiente/sites/ministerio-ambiente/files/documentos/publicaciones/Plan%20de%20Cuenca%20del%20Rio%20Santa%20Luc%C3%ADa-1.pdf)

4）定期水質モニタリングは、環境省、および共和国大学、農牧・漁業省および関係省庁から技術者が参加しており、環境省がこれを調整しています。情報公開も進み、すべてのモニタリング結果はWebサイトで公開されるようになりました。[155] 年次報告書も作成され公表されました。[156]

5）ウルグアイの干ばつは過去70年間で最悪でした。干ばつは主にウルグアイ南部サンタルシア川流域で発生しました。これは、人口の約50％、すなわち170万人が住む地域に供給する飲料水システムに影響を与えました。干ばつは2022年に始まり、時間の経過とともに悪化しました。まずカネロン・グランデ・ダムが干上がり、その後、パソ・セヴェリーノ貯水池の貯水量が670万m^3から100万m^3以下に急減しました。4月末以降、パソ・セヴェリーノ貯水池の枯渇と代替手段の不足により国家衛生公社は主要貯水池の使用を中止せざるを得なくなり、その結果使用されたのは、サンタルシア川からの淡水とラプラタ川からの汽水を混ぜた塩分濃度の高い水でした。その結果、水1リットルあたりのナトリウム溶存量は200mg（WHO基準値）から440mg/Lへと倍増していまいました。保健省は、高血圧の患者や妊婦などの弱い立場にある人々に対して、この水を飲むことを控えボトル入りの水を飲むことを求めました。2023年8月末になってようやく雨が降り始め、水1リットルあたりのナトリウム濃度は危機前に記録された平均値まで低下しました。

このような干ばつへの対策については、環境省や流域委員会を中心に検討し、統合的流域管理を一層推進していきたいと考えています。

（2023年12月、ウルグアイ環境省　マグダレナ・ヒル、ルイス・レオロン）

155）ウルグアイ環境省の水質モニタリング情報公開サイト https://www.ambiente.gub.uy/oan/
156）ウルグアイ環境省年次報告公開サイト https://www.gub.uy/ministerio-ambiente/politicas-y-gestion/informes-monitoreo-documentos-calidad-agua

（2）環境分析研究所のカウンターパートからの近況報告

　環境分析研究所では、現在ウルグアイの環境基準に定められたすべての項目を要求された精度で分析測定することが可能であり、ISO9001を取得しています。ウルグアイにおける環境モニタリングにおける分析業務の主力を担っており、国内の分析所のネットワークのハブともなっています。

　第3期協力で開始した水銀モニタリングを継続しており、4つの水銀分析法を開発し、目的と対象により使い分けています。また、総水銀直接分析機材DMA-80を導入し水銀分析を効率的に進めるとともに、新たにイオン・プラズマ発光質量分析装置（ICP-MS）を導入し微量元素分析も行いつつあります。

　また研究所の分析精度をより高いものとするために、国際的な技能試験（研究所間の化学分析の精度試験の演習）へ参加しています。UNEP（2023年・乾燥魚サンプル）、NSI-Greentech（2022年・水サンプル）、UNEP（2022年・毛髪サンプル）に参加しました。日本の国立水俣病総合研究センターからも2022年に標準物質の提供を受けて技能試験に参加したほか、2018年に水俣でのセミナーに招待され、出席して成果を発表しました。

　近隣諸国との分析技術の共有（第三国研修）については、2017年から2018年、2022年の少なくとも3回にわたって実施しました。アルゼンチン、ボリビア、ブラジル、チリ、エクアドル、パラグアイ、ペルー、ウルグアイなどの国が参加し、水銀汚染問題を抱えるニカラグアとは両国のJICA事務所を通じて技術協力会議に参加しています。今後は中南米地域の水銀分析の中核的役割を果たしていきたいと思っています。

　　　　（2023年12月,ウルグアイ環境省環境分析研究所　ナタリア・バルボッサ）

パネル・ディスカッション

「統合的流域管理、水銀汚染、そして有限の水資源」の記録

2023年12月26日に、本プロジェクトの関係者および本分野の有識者の方々9名にお集まりいただき、本書の内容について、それぞれのパネリストの視点から議論をしていただいた。出席者は以下の通りである。

モデレーター

宮崎　明博 (JICA地球環境部次長・環境管理・気候変動対策グループ長)

レポーター

吉田　充夫 (JICA地球環境部国際協力専門員・元専門家)

パネリスト (五十音順、敬称略)

岩崎　英二 (JICA上級審議役・元JICA地球環境部長)

奥田　到 (日本工営株式会社地球環境事業部/環境技術部参事・元専門家チーム総括)

佐藤　一朗 (JICA緒方貞子平和開発研究所上席研究員)

中村　正久 (公益財団法人国際湖沼環境委員会副理事長) ※オンライン参加

永田　謙二 (JICA地球環境部国際協力専門員)

原口　浩一 (国立水俣病総合研究センター国際・総合研究部水銀分析室長・元第三国研修講師専門家) ※オンライン参加

本田　利器 (東京大学 大学院新領域創成科学研究科国際協力学専攻 教授)

下記のJICA緒方貞子平和開発研究所のウェブサイトにてパネル・ディスカッションでのそれぞれの発言を収録した。なお、収録した各発言記録は、それぞれの発言者のご確認・加筆修正を経たものである。速記・文字起こしは久世濃子 (JICA地球環境部) による。

URL: https://www.jica.go.jp/jica_ri/publication/projecthistory/1542254_24094.html

あとがき

　当時 JICA 地球環境部長であった岩崎英二氏（現・JICA 上級審議役）から、ウルグアイとの水銀汚染対策と水質管理に関する国際協力を、1 つのプロジェクト・ヒストリーとしてまとめてはどうかとの助言をいただいたのは 2022 年 1 月頃のことであった。ちょうど、ウルグアイ環境省のナタリア・バルボッサ分析所長および JICA ウルグアイ支所の山本美香所長と、同年 3 月にウルグアイ・モンテヴィデオで開催が計画されていた JICA 第三国研修コース「水質管理／南米地域の河川流域の総合アセスメント」の準備をしているところだったので、割合軽い気持ちでお引き受けし JICA 緒方貞子平和開発題研究所にプロポーザルを提出したのだが、いざ資料を集めて準備を始めてみると、それまで JICA 事業で蓄積されてきた膨大な内容の前で茫然（ぼうぜん）としたというのが率直なところだった。

　本文中でも触れたが、ウルグアイとの水環境分野の協力事業は 2003 年に始まり、開発調査、技術協力プロジェクト、専門家派遣、第三国研修（南南協力）の実施と協力の形態を変えつつ、2023 年まで 20 年余り続いてきた協力プログラム（複数の協力プロジェクトを束ねた協力事業）だ。大きな方向性としてウルグアイの水質管理能力の強化という方向性はあるものの、最初から何らかの青写真（ブループリント）や中長期協力計画が設定されていたというよりは「結果としてのプログラム」とでもいうべきもので、各々のプロジェクト（協力事業）がその時々のウルグアイ側の要望・課題と条件に応じて設計され、それがアクション・リサーチのように段階的に次の協力につながっていくという進展を遂げてきたものだ。しかも「はじめに」でも述べたように、筆者は、第 3 期協力での専門家活動以外は現地の協力活動に部分的に参加したのみである。まして第 1 期については報告書等の文献しか手掛かりがない。

そこで、第3期の水銀汚染調査対策を起点とし、それをさかのぼる形でそれまでの協力を報告書や残された資料・刊行物を読み込むことで、「なぜこのように短い期間に技術を獲得し社会的合意形成を行い1人の被害者も出すことなく水銀汚染を封じ込めることができたのか？」という問いを設定し、それに答えるためにプロジェクト・ヒストリーを考えてみようと考えた。結果、憲法改正を起点とした基本的人権としての水資源の理念、経済成長のもとでのコモンズとしてのサンタルシア川流域、水質モニタリングや汚染源管理に基づく科学的な現状認識、多数の関係者のネットワーク化による統合的水質管理の発展とキャパシティ・ディベロップメント、環境と人間社会の統合のプロセス、これらの積み重ねの結果として、1つのレッスンとしての水銀汚染問題への対処が短い期間に成功裡に成し遂げられたと結論できた。

　だが、言ってみれば筆者は1人の語り部（かたりべ）としてプロジェクト・ヒストリーを編んでみたにすぎない。「歴史とは選択的なものであり、過去の事実を取捨選択・解釈し叙述することによって生まれるものである。歴史の機能は、過去と現在との相互関係を通して両者をさらに深く理解させるものである」と歴史家E.H.カーは述べているが[157]、このプロジェクト・ヒストリーも、事実情報に基づき叙述したとはいえ、今日の視点からの取捨選択が入らざるを得ないものだっただろう。その意味で、地球環境問題を視野に入れた多くのチャレンジを抱えて統合的流域管理に取り組みつつあるウルグアイでは、今後、さまざまな視点からの次世代のプロジェクト・ヒストリーが編まれていくことと思う。

---

157) E.H. カー　（清水幾多郎訳）（1962）「歴史とは何か」岩波新書。

20年余にわたる技術協力プログラムのそれぞれの協力事業の場でアクターを演じたのは、ウルグアイの実施機関である住宅土地整備環境省環境総局および関係省庁・地方行政の職員と技術者の方々であり、また日本からの第1期協力の開発調査の調査団、第2期協力の技術協力プロジェクト専門家チーム、第3期協力の専門家チーム、第三国研修の講師専門家、日本国内での研修関係者、そして、これらの協力の企画・調整・運営・管理を担ったJICAの職員および関係者の方々である。すべての方々にお会いしお話を伺うことはできなかったが、以下に各協力期間におけるウルグアイ側と日本側の主な関係者のお名前を挙げさせていただく。

第1期協力：

　ウルグアイ関係者：アナ・カザドリ、エドワルド・アンドレス、セバスチャン・アゴスティニ、ガブリエラ・ド・アラマス、カタリナ・イリゴエン、アラミス・ラチニアン、センシア・リマ、シルヴィア・アギナガ、ガブリエル・ヨルダ、マグダレナ・ヒル（環境総局）、ほか関係省庁各位

　コンサルタント関係者：佐々部圭二（（株）建設技研インターナショナル）、ほか（株）建設技研インターナショナルの各位

　JICA関係者：大田正豁、山田泰造、深瀬豊、竹内友規（JICA）、安田佳哉、大沼克弘（国交省）、大木久光、羽地朝新（三井金属資源開発（株））、氏家寿之（日本工営（株））

第2期協力：

　ウルグアイ関係者：ジョルジ・ルックス、ルイス・レオロン、シルヴィア・アギナガ、マグダレナ・ヒル、ヴァージニア・フェルナンデス（環境総局）、ロウ

デス・バチスタ、アーネスト・ド・マセド（国家水総局）、エマ・フィエロ（国家衛生公社）、ガブリエラ・フェオラ（モンテヴィデオ県）、レオナルド・ヘロー（カネロネス県）、ヴァレリア・ド・ラ・ペニャ（ラヴァジェハ県）、カルロス・ラカヴァ（サンホセ県）、ヤネト・ハゴピアン（フロリダ県）、アカロン・カセヴァス、ホセ・ビコ（農牧省）、ファビアナ・ビアンキ、アナ・カザドリ（企画予算局／国際協力庁）、ほか関係省庁各位

コンサルタント関係者：奥田到、佐藤信介、森川彰、檜枝俊輔（日本工営（株））、デレック・ジョンソン（英国工営（株））、ほか日本工営株式会社の各位

JICA関係者：佐藤義勝、高木繁、廣井なおみ（JICAウルグアイ支所）、升本潔、森尚樹、岩崎英二、白川浩、吉田充夫、田村えり子、伊藤民平（JICA）、田中祐子（（株）VSOC）、中沢信之（（株）ソーワコンサルタント）、羽地朝新（日本開発サービス）

第3期協力および第三国研修：

ウルグアイ関係者：ルイス・レオロン、マグダレナ・ヒル、ガブリエル・ヨルダ、アルハンドロ・セドン、ナタリア・バルボッサ、アルハンドロ・マンガレリ、ヴィヴィアン・ムニョウズ、シルヴィア・アギナガ、ジュディス・トレス（環境総局）、ファビアナ・ビアンキ（国際協力庁）、ほか関係省庁各位

JICA 関係者：山本美香、谷口誠、野口優秀雄、廣井なおみ（JICAウルグアイ支所）、吉田充夫、飯島大輔、奥村憲（JICA）、鹿島勇治（日本環境衛生センター）、原口浩一（国立水俣病総合研究センター）、澤田マリオ（通訳）

　本書を執筆するにあたり、ウルグアイ環境省のルイス・レオロン、マグダレナ・ヒル、ナタリア・バルボッサ、ガブリエル・ヨルダの各氏、日本工営株式会社の奥田到、檜枝俊輔、氏家寿之の各氏、国立水俣病総合研究センター室長の原口浩一氏、（一財）日本環境衛生センター参与の鹿島勇治氏、東京工業大学大学院准教授の錦澤滋雄氏、フェリス女学院大学教授の佐藤輝氏、JICAの田村えり子、伊藤民平、飯島大輔、深瀬豊、山本美香、廣井なおみの各氏からは、貴重な証言、情報、コメントをいただいた。国際湖沼環境委員会副理事長の中村正久氏、東京大学大学院教授の本田利器氏にはパネル・ディスカッションにご出席いただき貴重なコメントを賜った。JICAの岩崎英二、宮崎明博、佐藤一朗、永田謙二、川西正人、柴田和直、木村友美の各氏には拙稿を読んでいただき有益なコメントをいただき、本書をより良いものにするのに大変役立った。JICA緒方貞子平和開発研究所の齋藤ゆかり、花岡成有、難波祥子、符柚香、高旗瑛美の各氏には、本書の担当者として多くのご支援をいただいた。また、出版社のスタッフの方々には本書の全体構成や文章表現など多岐にわたりご助言を受けた。以上の方々に厚くお礼申し上げる。

2024年6月　吉田充夫

参考図書

日本語文献

一ノ瀬高博(2013)『国際環境判例紹介−ウルグアイ川パルプ工場事件　国際司法裁判所判決』環境共生研究, 6. 38-50.

井上　真(2001)『序章　自然資源の共同管理制度としてのコモンズ』井上・宮内(編)「コモンズの社会学−森・川・海の資源共同管理を考える」鳥越皓之(企画編集)シリーズ環境社会学(二)新曜社, 東京

今田隆俊(1992)『自己組織性論の射程』組織科学, 28 (2), p.24-36.

エリノア・オストロム(原田禎夫・齋藤暖生・嶋田大作訳)(2022)『コモンズのガバナンス―人びとの協働と制度の進化―』晃洋書房, 東京.

大塚健司(編・2008)『流域ガバナンス−中国・日本の課題と国際協力の展望』アジ研選書9, アジア経済研究所, 千葉

大野智彦(2015)『流域ガバナンスの分析フレームワーク』水資源・環境研究, 28 (1), p.7-15

岡田　章(2010)『オストロム教授のノーベル経済学賞受賞の意義』公共選択の研究, 54, 20-21

沖　大幹(2008)「バーチャルウォーター貿易」水利科学, 52 巻 5 号 p. 61-82 https://doi.org/10.20820/suirikagaku.52.5_61

奥田　到・佐藤信介・檜枝俊輔・デレック・ジョンソン(2010)『ウルグアイ国サンタルシア川流域の水環境管理』水資源・環境研究, 23, p.45-51.

小野耕二(2010)『コモンズの政治学的分析』法社会学, 第73号, 8-22.

柿澤宏昭(2000)『エコシステムマネジメント』築地書館, 東京

グリッグ, N. S.(著)浅野　孝, 虫明功臣, 池淵周一, 山岸俊之(訳)(2000)『水資源マネジメントと水環境−原理・規制・事例研究』, 技報堂出版, 東京

クルト・レヴィン(猪俣佐登留・訳)(1956)『社会科学における場の理論』ちとせプレス

コーポレート・ヨーロッパ・オブザーバトリー、トランスナショナル研究所(編)佐久間智子(訳)(2007)『世界の"水道民営化"の実態−新たな公共水道をめざして』作品社, 東京.

佐藤慶幸(1991)『共生社会の論理と組織』組織科学 24 巻 4 号 p. 29-38. DOI https://doi.org/10.11207/soshikikagaku.20220630-25

下保暢彦（2021）『ウルグアイの農牧業と貿易』Primaff Review, 99, p. 6-7.

JICA（2002）『ソーシャル・キャピタルと国際協力：持続する成果を目指して（総論編）』JICA 国際協力総合研究所 https://openjicareport.jica. go.jp/360/360/360_000_11691888.html

JICA（2003）『ウルグアイ国モンテヴィデオ首都圏水質管理強化計画調査事前調査報告書および予備調査報告書』（国際協力事業団社会開発調査部）

JICA（2006a）『ウルグアイ国モンテヴィデオ首都圏水質管理強化計画現地モニタリング調査報告書』（独立行政法人国際協力機構地球環境部・（株）建設技研インターナショナル）

JICA（2006b）『途上国の主体性に基づく総合的課題対処能力の向上を目指して：キャパシティ・ディベロップメント（CD）～ CDとは何か、JICA で CD をどう捉え、JICA 事業の改善にどう活かすか～』JICA 国際協力総合研修所，東京

JICA（2007a）『モンテヴィデオ首都圏水質管理強化計画調査ファイナルレポート要約』（独立行政法人国際協力機構地球環境部・（株）建設技研インターナショナル）

JICA（2007b）『ウルグアイ東方共和国サンタルシア川流域汚染源／水質管理プロジェクト詳細計画策定調査報告書』（独立行政法人国際協力機構地球環境部）

JICA（2008a）『キャパシティ・アセスメントハンドブック：キャパシティ・ディベロップメントを実現する事業マネジメント』JICA 国際協力総合研修所．東京

JICA（2008b）『ウルグアイ東方共和国農薬登録プロセス強化に向けた環境評価システムの構築支援プロジェクト実施協議事前調査報告書』JICA 農林開発部

JICA（2009）『ウルグアイ東方共和国サンタルシア川流域汚染源／水質管理プロジェクト中間レビュー調査報告書』（独立行政法人国際協力機構地球環境部）

JICA（2011a）『ウルグアイ東方共和国サンタルシア川流域汚染源／水質管理プロジェクト終了時評価調査報告書』（独立行政法人国際協力機構地球環境部）

JICA（2011b）『ウルグアイ国サンタルシア川流域汚染源 / 水質管理プロジェクト第3年次業務完了報告書』（独立行政法人国際協力機構地球環境部・日本工営株式会社）

JICA（2011c）『ウルグアイ国サンタルシア川流域汚染源 / 水質管理プロジェクト業務完了報告書』（独立行政法人国際協力機構地球環境部・日本工営株式会社）

JICA（2016）『アジア・中南米地域の水銀対策にかかる情報収集・確認調査ファイナルレポート』（独立行政法人国際協力機構・国際航業株式会社・OYO インターナショナル株式会社）

田島正廣(編・2000)『世界の統合的水資源管理』, 水資源・環境学会叢書7, 株式会社みらい, 岐阜.

丹治　肇・山岡和純(2004)『ヴァーチャル・ウォーターの議論の発展性に関する考察』農業土木学会誌, 第72巻, 第4号, p.301-304.

露木恵美子(2019)『「場」と知識創造−現象学的アプローチによる集団的創造性を促す「場」の理論の構築に向けて』研究 技術 計画, 34 (1), 39-57.

徳安　彰(1988)『自己組織性と文化』組織科学, 22 (3), p.25-34.

松下和夫(2002)『環境ガバナンス−市民・企業・自治体・政府の役割』, 環境学入門12, 岩波書店, 東京

マンサー・オルソン(依田博・森脇俊雅訳)(1983)『集合行為論：公共財と集団理論』ミネルヴァ書房, 東京

モード・バーロウ, トニー・クラーク (2003)『「水」戦争の世紀』(鈴木主税・翻訳)　集英社新書, 東京.

諸富　徹(2011)『「統合的水資源管理」と財政システム−水管理組織と財源調達システムのあり方をめぐって』立命館経済学59巻6号316-333.

中村正久(2005)『琵琶湖・淀川水系における流域管理の経験と課題』アジ研ワールド・トレンド, 122, 26-30.

庭本佳和(1994)『現代の組織理論と自己組織パラダイム』組織科学, 28 (2), p.37-48.

ネイル・グリッグ(虫明功臣・池淵周一・山岸俊之訳)(2000)『水資源マネジメントと水環境−原理・規則・事例研究』技報堂出版.

野中郁次郎(1986)『組織秩序の解体と創造−自己組織化パラダイムの提言−』組織科学, 20 (1), p.32-44.

野中郁次郎・竹内弘高(梅本勝博訳)(1996)『知識創造企業』東洋経済新報社, 東京

ハーマン・デイリー　(聞き手：枝廣淳子)(2023年)『「定常経済」は可能だ!』(岩波ブックレット914)岩波書店, 東京

濱崎宏則(2009)『統合的水資源管理(IWRM)の概念と手法についての一考察』政策科学, 16 (2), p.83-93.

原田正純(1972)『水俣病』岩波書店, 東京.

原田正純(1985)『水俣病は終っていない』岩波書店, 東京.

三俣　学(2010)『コモンズ論の射程拡大の意義と課題—法社会学における入会研究の新展開に寄せて—』法社会学第73号, p.148-167.

リチャード・ソウル・ワーマン（著）金井哲夫（訳）（2007）『それは情報ではない―無情報爆発時代を生き抜くためのコミュニケーション・デザイン』（原題:Information Anxiety）NTT 出版，東京

山本隆司（2018）『ガバナンスと正統化――「ガバナンスを問い直す」を導きの糸にして』社会科学研究 69（2），51-69，2018-03-31

ヨハン・ロックストローム，マシアス・クルム（著），竹内和彦・石井菜穂子（監修），谷淳也・森秀行ほか（訳）（2018）『小さな地球の大きな世界−プラネタリー・バウンダリーと持続可能な開発』丸善出版，東京（Johan Rockström, Mattias Klum（2015）"Big World Small Planet – Abundance within Planetary Boundaries"）

吉田充夫（2022）『国際協力のフレームワークでの産学官民連携による水銀汚染対策−ウルグアイの事例』日本環境学会幹事会・佐藤　輝（編）『産官学民コラボレーションによる環境創出』p.68-75，本の泉社，東京.

渡邉　泉（2012）『重金属のはなし - 鉄、水銀、レアメタル』中公新書

和田英太郎（監修）・谷内茂雄・脇田健一・原雄一・中野孝教・陀安一郎・田中拓弥（編2009）『流域環境学−流域ガバナンスの理論と実践』京都大学学術出版会，京都

外国語文献

Artiola, J.F., Pepper, I.L., Brusseau, M.（eds. 2004）Environmental Monitoring and Characterization. Elsevier Academic Press, Amsterdam.

Aubriot, Luis, et al.（2017）Evolution of eutrophication in Santa Lucía river influence of land use intensification and perspectives. REVISTA DEL LABORATORIO TECNOLÓGICO DEL URUGUAY, 14, p.7-16.

Carlos Céspedes-Payret, et al.（2009）The irruption of new agro-industrial technologies in Uruguay and their environmental impacts on soil, water supply and biodiversity: a review. International Journal of Environment and Health, 3（2），175-197.

Carol Rose（1986）The Comedy of the Commons: Custom, Commerce, and Inherently Public Property. The University of Chicago Law Review, 53（3），p.711-781.

Carlos Santos（2005）Uruguay: victoria en la lucha social por el agua. BIODIVERSIDAD, 43, p.33-34.

Castagna, A., et al. (2019) Modeling of land uses to reduce the export of nutrients from dairy production systems to surface waters in the Santa Lucía River basin. Proceedings of the 6th International Symposium for Farming System Design.

Cecilia Tortajada (2001) Institutions for Integrated River Basin Management in Latin America. Water Resources Development, 17 (3), p. 289–301. doi: 10.1080/0790062012006508 4

Chalar G., et al. (2012) Fish assemblage changes along a trophic gradient induced by agricultural activities (Santa Lucía, Uruguay). Ecological Indicators, 24, p.582–588. doi: 10.1016/j.ecolind.2012.08.010

Claudia Pahl-Wostl (2007) Transitions towards adaptive management of water facing climate and global change. Water Resource Management, 21, p.49–62

Derek R Armitage, et al. (2009) Adaptive co-management for social–ecological complexity. Frontiers in Ecology and the Environment, 7 (2), p.95–102, doi:10.1890/070089

Dietz T., Elinor Ostrom, Paul C. Stern (2003) The Struggle to Govern the Commons. Science, 302, 12 December 2003.

Elías Jorge Matta (2009) Letter to the Editor: The pollution load caused by ECF Kraft Mills, Botnia-Uruguay: first six months of operation. International Journal of Environment and Health, 3 (2), p.139-174. doi: 10.1504/IJENVH.2009.024876

Elinor Ostrom (1990) Governing the Commons – The evolution of institutions for collective action. Cambridge University Press, Cambridge.

Elinor Ostrom (2000) Collective Action and the Evolution of Social Norms. Journal of Economic Perspectives, 14 (3), p.137–158

Fernando Borraz et al. (2013) Water Nationalization and Service Quality. The World Bank Economic Review, 27 (3), pp. 389–412. doi:10.1093/wber/lht001

Garrett Hardin (1968) The tragedy of the commons. Science, 162, 3859, 1243-1248.

Global Water Partnership Technical Advisory Committee (TAC) (2000) Integrated Water Resources Management, TAC Background Paper No.4. 67p.

Herman E. Daly (1996) Beyond Growth: The Economics of Sustainable
　　Development, Beacon Press, Boston

Hooper, B. P. (2005) Integrated River Basin Governance - Learning from
　　International Experiences. IWA (International Water Association)
　　Publishing, London.

Huitema, D., et al. (2009). Adaptive water governance: assessing the
　　institutional prescriptions of adaptive (co-)management from a
　　governance perspective and defining a research agenda. Ecology and
　　Society, 14(1): 26.

Kent Eaton (2004) Risky Business: Decentralization from above in Chile and
　　Uruguay. Comparative Politics, 37 (1), p.1-22.

Jacob D. Petersen-Perlman et al. (2017) International water conflict and
　　cooperation: challenges and opportunities, Water International, 2017. doi:
　　10.1080/02508060.2017.1276041

Jimena Alonso et al. (2019) Water quality in Uruguay: current status and
　　challenges, In: Water Quality in the Americas – Risks and Opportunities, p.
　　561-597, Inter-American Network of Academies of Sciences (IANAS).

Marila Lázaro et al. (2021) Citizen deliberation in the context of Uruguay's
　　first National Water Plan. Water Policy, 23, p.487–502.

Michael Cox et al. (2010) A Review of Design Principles for Community-
　　based Natural Resource Management. Ecology and Society, 15 (4): 38.
　　URL: http://www.ecologyandsociety.org/vol15/iss4/art38/

Micaela Trimble et al. (2021) Towards Adaptive Water Governance in
　　South America: Lessons from Water Crises in Argentina, Brazil,
　　and Uruguay. In: W. Leal Filho et al. (eds.), Sustainability in Natural
　　Resources Management and Land Planning, p.31-46, Springer-nature. doi:
　　10.1007/978-3-030-76624-5_3

Micaela Trimble et al. stl (2022) How do basin committees deal with water
　　crises? Reflections for adaptive water governance from South America.
　　Ecology and Society, 27 (2), 42. doi: 10.5751/ES-13356-270242

Micaela Trimble, Tadeu N. D., Lázaro, M. (2022) Do river basin committees
　　contribute to the transition from centralized management to adaptive

governance? Reflections from Uruguay, Paper presented in the 2022 Toronto Conference on Earth System Governance. https://redi.anii. org.uy/jspui/bitstream/20.500.12381/3155/3/Presentacio%cc%81n%20 Micaela_ESG%20Toronto_21Oct2022.pdf

MVOTMA (2015) Estado de situación Cuenca del río Santa Lucía.

MVOTMA (2015) Evolución de la calidad en la cuenca del Santa Lucía 10 años de información.

MVOTMA (2020) Informe Evolución de la Calidad de Agua en la cuenca del río Santa Lucía - 5 años de información (2015 - 2019)

OECD (1992) The polluter-Pays Principle, OECD analyses and recommendations. Environmental Directorate, OECD/GD(92)81.

Pahl-Wostl, C. (2007) Transitions towards adaptive management of water facing climate and global change. Water Resource Management, 21, p. 49–62. doi: 10.1007/s11269-006-9040-4

Raihan, A. (2023) The contribution of economic development, renewable energy, technical advancements, and forestry to Uruguay's objective of becoming carbon neutral by 2030. Carbon Res., 2, 20 (2023). doi: 10.1007/s44246-023-00052-6

Ribot, J. (2003) Democratic decentralization of natural resources: Institutional choice and discretionary power transfers in Sub-Saharan Africa. Public Administration and Development, 23, p. 53–65 doi: 10.1057/9781403981288.

Ribot, J. (1999) Decentralisation, participation and accountability in Sahelian forestry: Legal instruments of political-administrative control. Africa, 69 (1), 23-65. doi:10.2307/1161076

Singh, S. et al. (2018) Toxicity, degradation and analysis of the herbicide atrazine. Environmental Chemistry Letters, 16, 211–237. doi:10.1007/s10311-017-0665-8

Stephen Merrett (2003) Virtual Water and the Kyoto Consensus, Water International, 28 (4), p.540-542, doi:10.1080/02508060308691732

The World Bank (2006) Integrated River Basin Management – From Concepts to Good Practice.

Thompson, Diego (2018) Media, decentralization, and assemblage responses to water quality deterioration in Uruguay. In: Jérémie Forney, Chris Rosin, Hugh Campbell (eds.) Agri-environmental Governance as an Assemblage - Multiplicity, Power, and Transformation, Chapter 9, Routledge, eBook ISBN9781315114941

Tony Allan (2011) Virtual Water – tackling the threat to our planet's most precious resource. I.B. TAURIS, Co., Ltd., London.

Toreti, A. et al. (2023) Drought in South America April 2023, GDO Analytical Report. Publications Office of the European Union, 2023, Luxembourg. doi:10.2760/873366, JRC133788.

UNDP (1997) Capacity Development. Technical Advisory Paper 2, Management, Development and Governance Division, UNDP, New York.

UNECE (United Nations Economic Commission for Europe) (2003) Environmental Monitoring and Reporting - Eastern Europe, the Caucasus and Central Asia. UNECE Information Unit.

UNESCO (2009) IWRM Guidelines at River Basin Level. http://www.unesco.org/water/

UNEP (2018) Global Mercury Assessment 2018.

Vihervaara P., et al. (2012) Ecosystem services of fast-growing tree plantations: A case study on integrating social valuations with land-use changes in Uruguay. Forest Policy and Economics, 14 (1), p.58-68.

Yoshida, M. (2018) Capacity Development in Environmental Management Administration through Raising Public Awareness: A Case Study in Algeria. JICA Ogata Sadako Research Institute for Peace and Development. Working Paper Series No.176. https://www.jica.go.jp/Resource/jica-ri/ja/publication/workingpaper/wp_176.html

Yoshida, M. (2020) Mercury Contamination and Microbial Community in Wetland Sediments. Proceedings of the 20th International Conference on Heavy Metals in the Environment (ICHMET 2020, Seoul), S5-1, p.98.

Yusuke Satoh et al. (2022) The timing of unprecedented hydrological drought under climate change. Nature Communications, 13, 3287 (2022). doi: 10.1038/s41467-022-30729-2

略 語 一 覧

ASGM	Artisanal and small-scale gold mining（小規模金鉱山）
AUCI	Agencia Uruguaya de Cooperación Internacional（ウルグアイ国際協力庁）
BOD	Biochemical Oxygen Demand（生物化学的酸素要求量）
CD	Capacity Development（課題対処能力向上・能力開発（キャパシティ・ディベロップメント））
CNDAV	Comisión Nacional en Defensa del Agua y de la Vida（ウルグアイ水と命を守る全国委員会）
DAC	Development Assistance Committee, OECD（開発援助委員会）
DINAGUA	Dirección Nacional de Aguas（ウルグアイ国家水総局）
DINAMA	Dirección Nacional de Medio Ambiente（ウルグアイ環境総局）
DINASA	Dirección Nacional de Agua y Saniamiento（National Directorate of Water and Sanitation）（ウルグアイ国家上下水道総局）
DNH	Dirección Nacional de Hidrografía（National Direction of Hydrography）（ウルグアイ国家水理局）
EC	Electric Conductivity（電気伝導率）
IDB	Inter-American Development Bank（米州開発銀行）
IEA	International Energy Agency（国際エネルギー機関）
IMF	International Monetary Fund（国際通貨基金）
JICA	Japan International Cooperation Agency（独立行政法人国際協力機構）
LATU	Laboratorio Tecnológico del Uruguay（Technological Laboratory of Uruguay）（ウルグアイ国立技術研究所）
MDGs	Millenium Development Goals（ミレニアム開発目標）

MVOTMA	Ministerio de Vivienda, Ordenamiento Territorial y Medio Ambiente（Ministry of Housing, Use of Land and Environment）（ウルグアイ住宅土地整備環境省）
OECD	Organisation for Economic Co-operation and Development（経済協力開発機構）
OSE	Administracion de Las Obras Sanitarias del Estado（Administration of Sanitarian Works of the State）（ウルグアイ国家衛生公社）
PPP	Polluter-Pays Principle（汚染者支払原則）
SDGs	Sustainable Development Goals（持続可能な開発目標）
SISICA	Sistema de Información de Calidad de Agua（Water Quality Information System）（水質情報データベース）
UNCED	United Nations Conference on Environment and Development（国連環境開発会議）
UNDP	United Nations Development Programme（国連開発計画）
UNEP	United Nations Environmental Programme（国連環境計画）

［著者］

吉田　充夫（よしだ　みつお）

1952年滋賀県大津市に生まれる。1982年北海道大学大学院理学研究科後期博士課程修了。理学博士。専門は環境管理、廃棄物管理、環境汚染対策。
1984-86年に青年海外協力隊員（ネパール国立トリブバン大学理工学部地質学科講師）として初めて開発途上国での技術協力を体験。以後、民間地質環境コンサルタント、二度のJICA長期専門家派遣（1992-97年パキスタン地質科学研究所および2000-03年チュニジア水環境研究所）を経て、2002年にJICA国際協力専門員に採用され、世界40か国余の環境管理分野の国際協力事業に従事し今日に至る。この間、東京工業大学大学院総合理工学研究科環境理工学創造専攻連携教授（2008-12年）、東京大学大学院新領域創成科学研究科国際協力学専攻客員教授(2012-17年)、一般社団法人国際環境協力ネットワーク代表理事（2017年-）を併任。
著書に、「国際開発と環境」（ISBN 978-981-13-3594-5）（共著）ほか多数。個人ホームページ（https://environment.blue/）にて主な論文がダウンロード可能。

JICAプロジェクト・ヒストリー・シリーズ

流域コモンズを
水銀汚染から守れ

ウルグアイにおける統合的流域水質管理協力の20年

───────────────────────────

2024年7月11日　第1刷発行

著　者：吉田　充夫

発行所：㈱佐伯コミュニケーションズ　出版事業部
　　　　〒151-0051 東京都渋谷区千駄ヶ谷5-29-7
　　　　TEL 03-5368-4301
　　　　FAX 03-5368-4380

編集・印刷・製本：㈱佐伯コミュニケーションズ

───────────────────────────

JICA プロジェクト・ヒストリー　既刊書

シリーズ全巻のご案内は ☞ https://www.jica.go.jp/jica_ri/index.html